손민혁 합격

당신도 이번에 반드시 합격합니다!

무료강의

소방안전관리자 2급
합격노트

우석대학교 소방방재학과 교수 / 한국소방안전원 초빙교수 역임 **공하성** 지음

BM (주)도서출판 **성안당**

■ **도서 A/S 안내**

성안당에서 발행하는 모든 도서는 저자와 출판사, 그리고 독자가 함께 만들어 나갑니다.

좋은 책을 펴내기 위해 많은 노력을 기울이고 있습니다. 혹시라도 내용상의 오류나 오탈자 등이 발견되면 "좋은 책은 나라의 보배"로서 우리 모두가 함께 만들어 간다는 마음으로 연락주시기 바랍니다. 수정 보완하여 더 나은 책이 되도록 최선을 다하겠습니다.

성안당은 늘 독자 여러분들의 소중한 의견을 기다리고 있습니다. 좋은 의견을 보내주시는 분께는 성안당 쇼핑몰의 포인트(3,000포인트)를 적립해 드립니다.

잘못 만들어진 책이나 부록 등이 파손된 경우에는 교환해 드립니다.

저자 문의 : pf.kakao.com/_Cuxjxkb/chat (공하성)
           cafe.naver.com/119manager

본서 기획자 e-mail : coh@cyber.co.kr(최옥현)

홈페이지 : http://www.cyber.co.kr   전화 : 031) 950-6300

소방안전관리자 2급!! 한번에 합격할 수 있습니다.

쉽고 빠르게 공부할 수 있도록 합격노트를 만들었습니다.

저는 소방분야에서 20여 년간 몸담았고 학생들에게 소방안전관리자 교육을 꾸준히 해왔습니다. 그래서 다년간 한국소방안전원에서 초빙교수로 소방안전관리자 교육을 하면서 어떤 문제가 주로 출제되고, 어떻게 공부하면 한번에 합격할 수 있는지 잘 알고 있습니다.

이 합격노트는 한국소방안전원 교재를 함께보면서 공부할 수 있도록 구성했습니다. 하루 8시간씩 받는 강습 교육은 매우 따분하고 힘든 교육입니다. 이때 강습 교육을 받으면서 이 합격노트로 함께 시험 준비를 하면 효과 '짱'입니다.

이에 강습 교육시 함께 공부할 수 있도록 이 합격노트에 한국소방안전원 교재페이지를 넣었습니다. 강습 교육 중 출제가 될 수 있는 중요한 내용을 이 합격노트에 표시하면서 공부하면 보다 효과적일 것입니다.

한번에 합격하신 여러분들의 밝은 미소를 기억하며…….
이 책에 대한 모든 영광을 그분께 돌려드립니다.

저자 공하성 올림

시험 가이드

① ▸▸ **시행처**

한국소방안전원(www.kfsi.or.kr)

② ▸▸ **진로 및 전망**

- 빌딩, 각 사업체, 공장 등에 소방안전관리자로 선임되어 소방안전관리자의 업무를 수행할 수 있다.
- 건물주가 자체 소방시설을 점검하고 자율적으로 화재예방을 책임지는 자율소방제도를 시행함에 따라 소방안전관리자에 대한 수요가 증가하고 있는 추세이다.

③ ▸▸ **시험접수**

- **시험접수방법**

구 분	시·도지부 방문접수 (근무시간 : 09:00~18:00)	한국소방안전원 사이트 접수 (www.kfsi.or.kr)
접수 시 관련 서류	• 응시수수료 결제(현금, 신용카드 등) • 사진 1매 • 응시자격별 증빙서류(해당자에 한함)	• 응시수수료 결제(신용카드, 무통장입금 등) • 증빙자료 접수 불가

- **시험접수 시 기본 제출서류**
  - 시험응시원서 1부
  - 사진 1매(가로 3.5cm × 세로 4.5cm)

④ ▸▸ 시험과목

1과목	2과목
소방안전관리자 제도	소방시설(소화설비, 경보설비, 피난구조설비)의 점검 · 실습 · 평가
소방관계법령(건축관계법령 포함)	소방계획 수립 이론 · 실습 · 평가 (화재안전취약자의 피난계획 등 포함)
소방학개론	자위소방대 및 초기대응체계 구성 등 이론 · 실습 · 평가
화기취급감독 및 화재위험작업 허가 · 관리	작동기능점검표 작성 실습 · 평가
위험물 · 전기 · 가스 안전관리	응급처치 이론 · 실습 · 평가
피난시설, 방화구획 및 방화시설의 관리	소방안전교육 및 훈련 이론 · 실습 · 평가
소방시설의 종류 및 기준	화재 시 초기대응 및 피난 실습 · 평가
소방시설(소화설비 · 경보설비 · 피난구조설비)의 구조	업무수행기록의 작성 · 유지 실습 · 평가

⑤ ▸▸ 출제방법

- **시험유형** : 객관식(4지 선택형)
- **배점** : 1문제 4점
- **출제문항수** : 50문항(과목별 25문항)
- **시험시간** : 1시간(60분)

⑥ ▸▸ 합격기준 및 시험일시

- **합격기준** : 매 과목 100점을 만점으로 하여 매 과목 40점 이상, 전 과목 평균 70점 이상
- **시험일정 및 장소** : 한국소방안전원 사이트(www.kfsi.or.kr)에서 시험일정 참고

⑦ ▸▸ 합격자 발표

홈페이지에서 확인 가능

⑧ ▸▸ 지부별 연락처

지부(지역)	연락처	지부(지역)	연락처
서울지부(서울 영등포)	02-2671-9076~8	부산지부(부산 금정구)	051-553-8423~5
서울동부지부(서울 신설동)	02-3298-6951	대구경북지부(대구 중구)	053-429-6911, 7911
인천지부(인천 서구)	032-569-1971~2	울산지부(울산 남구)	052-256-9011~2
경기지부(수원 팔달구)	031-257-0131~3	경남지부(창원 의창구)	055-237-2071~3
경기북부지부(경기 파주시)	031-945-3118, 4118	광주전남지부(광주 광산구)	062-942-6679~81
대전충남지부(대전 대덕구)	042-638-4119, 7119	전북지부(전북 완주군)	063-212-8315~6
충북지부(청주 서원구)	043-237-3119, 4119	제주지부(제주시)	064-758-8047, 064-755-1193
강원지부(횡성군)	033-345-2119~20	–	–

차례 CONTENTS

" 내가 못하면 아무도 못하는 그 날까지

- H. S. Kong - "

제 1 편

소방관계법령

당신도 해낼 수 있습니다.

제1장 소방안전관리제도

Key Point

✱ **소방안전관리제도**
소방안전관리에 관한 전문 지식을 갖춘 자를 해당 건축물에 선임토록 하여 소방안전관리를 수행하는 민간에서의 소방활동

✱ **특정소방대상물 vs 소방대상물**
① **특정소방대상물**
다수인이 출입·근무하는 장소 중 소방시설 설치장소
② **소방대상물**
소방차가 출동해서 불을 끌 수 있는 것
㉠ **건**축물
㉡ **차**량
㉢ **선**박(항구에 **매어 둔 선**박)
㉣ 선박건조구조물
㉤ **산**림
㉥ **인**공구조물 및 **물**건

공하성 기억법
건차선 산인물

✱ **화재발생현황** 교재 P.11
사망자<부상자

✱ **실무교육** 교재 P.13
① 화재의 예방 및 안전관리에 관한 법률 시행규칙
② 실무교육 미참석자 : **50만원** 이하 **과태료**

01 특정소방대상물 교재 P.12

(1) 소방시설 설치 및 관리에 관한 법률

(2) **근린생활시설, 업무시설, 위락시설, 숙박시설, 공장** 등, 그 밖의 **다수인**이 **출입** 또는 **근무**하는 장소 중 **소방시설**을 **설치**하여야 하는 장소

(3) **30종류**로 분류

02 소방안전관리자의 실무교육 교재 P.13

(1) **목적**
현장실무능력을 배양하고 새로운 소방기술정보 등을 습득

(2) **실무교육 미참석자**
① 소방안전관리자의 자격정지
② 실무교육을 받지 아니한 소방안전관리자 및 보조자에게는 **50만원**의 **과태료**

Key Point

01 소방기본법의 목적 [교재] P.14

(1) 화재**예방 · 경계** 및 **진압**
(2) 화재, 재난 · 재해 등 위급한 상황에서의 **구조 · 구급 활동**
(3) 국민의 **생명 · 신체** 및 **재산보호**
(4) 공공의 안녕 및 질서유지와 **복리증진**에 이바지

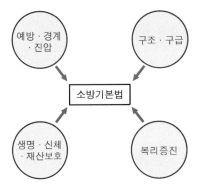

| 소방기본법의 목적 |

＊ 소방기본법의 궁극적인 목적 [교재] P.14
공공의 안녕 및 질서유지와 복리증진에 이바지

 목적

소방기본법 [교재] P.14	화재의 예방 및 안전관리에 관한 법률, 소방시설 설치 및 관리에 관한 법률 [교재] P.19, P.39
공공의 안녕 및 질서유지와 복리증진	공공의 안전과 복리증진

Key Point

＊ 관계인 교재 P.14
① **조**유자
② **관**리자
③ **점**유자

공화성 기억법
소관점

＊ 자체소방대원
위험물제조소에 근무하는 사람으로 소방대에 해당되지 않음

02 소방대 교재 P.14

(1) **소**방공무원
(2) **의**무소방원
(3) **의**용소방대원

공화성 기억법 의소(**의**용소방대)

용어 소방대

화재를 **진압**하고 화재, 재난・재해, 그 밖의 위급한 상황에서의 **구조・구급**활동 등을 하기 위하여 구성된 조직체

중요 소방대상물 교재 P.14

소방차가 출동해서 불을 끌 수 있는 것
(1) **건**축물
(2) **차**량
(3) **선**박(항구에 **매어 둔 선박**)
　　　항해 중인 선박 ×
(4) 선박건조구조물
(5) **산**림
(6) **인**공구조물 또는 **물**건

공화성 기억법 건차선 산인물

소방대상물 X

운항 중인 선박

4

03 한국소방안전원

1 한국소방안전원의 설립목적 교재 P.15

(1) **소방기술**과 안전관리기술의 향상 및 홍보
(2) **교육·훈련** 등 행정기관이 위탁하는 업무의 수행
(3) 소방관계종사자의 **기술 향상**
    ~~소방관계인~~ ×

| 한국소방안전원 |

* 한국소방안전원의 설립
  목적 교재 P.15
소방관계종사자의 기술 향상

2 한국소방안전원의 업무 교재 P.15

(1) 소방기술과 안전관리에 관한 **교육** 및 **조사·연구**
(2) 소방기술과 안전관리에 관한 각종 **간행물 발간**
(3) 화재예방과 안전관리의식 고취를 위한 **대국민 홍보**
(4) 소방업무에 관하여 **행정기관**이 **위탁**하는 업무
(5) 소방안전에 관한 **국제협력**
(6) **회원**에 대한 **기술지원** 등 정관으로 정하는 사항

3 한국소방안전원의 회원자격 교재 P.15

(1) **소**방안전관리자
(2) **소**방기술자
(3) **위**험물안전관리자

공하성 기억법 소위(소위 계급)

* 한국소방안전원의 회원
  자격 교재 P.15
❖ 꼭 기억하세요 ❖

화재의 예방 및 안전관리에 관한 법률

01 화재의 예방 및 안전관리에 관한 법률의 목적

교재 P.19

(1) 화재로부터 국민의 생명·신체 및 **재산보호**
(2) **공공**의 **안전**과 **복리증진** 이바지

02 화재안전조사

1 화재안전조사의 정의 교재 P.19

소방관서장(소방청장, 소방본부장, 소방서장)이 소방대상물, 관계지역 또는 관계인에 대하여 소방시설 등이 소방관계법령에 적합하게 설치·관리되고 있는지, 소방대상물에 화재발생위험이 있는지 등을 확인하기 위하여 실시하는 **현장조사·문서열람·보고요구** 등을 하는 활동

☑ 중요 소방관계법령

소방기본법	화재의 예방 및 안전관리에 관한 법률	소방시설 설치 및 관리에 관한 법률
● 한국소방안전원 ● 소방대장 ● 소방대상물 ● 소방대 ● 관계인	● 화재안전조사 ● 화재예방강화지구 (시·도지사) ● 화재예방조치(소방관서장)	● 건축허가 등의 동의 ● 피난시설, 방화구획 및 방화시설 ● 방염 ● 자체점검

2 화재안전조사의 실시대상 〔교재 P.20〕

(1) 소방시설 등의 자체점검이 **불성실**하거나 불완전하다고 인정되는 경우

(2) **화재예방강화지구** 등 법령에서 화재안전조사를 하도록 규정되어 있는 경우

(3) **화재예방안전진단**이 **불성실**하거나 불완전하다고 인정되는 경우

(4) **국가적 행사** 등 주요 행사가 개최되는 장소 및 그 주변의 관계 지역에 대하여 소방안전관리 실태를 조사할 필요가 있는 경우

(5) **화재**가 **자주 발생**하였거나 발생할 우려가 뚜렷한 곳에 대한 조사가 필요한 경우

(6) **재난예측정보**, 기상예보 등을 분석한 결과 소방대상물에 화재의 발생 위험이 크다고 판단되는 경우

(7) 화재, 그 밖의 긴급한 상황이 발생할 경우 인명 또는 재산 피해의 우려가 **현저하다고** 판단되는 경우

3 화재안전조사의 항목 〔교재 P.20〕

(1) **화재**의 **예방조치** 등에 관한 사항

(2) 소방안전관리 업무 수행에 관한 사항

(3) 피난계획의 수립 및 시행에 관한 사항

(4) 소화·통보·피난 등의 훈련 및 소방안전관리에 필요한 교육에 관한 사항

(5) **소방자동차 전용구역**의 설치에 관한 사항

(6) 시공, 감리 및 감리원의 배치에 관한 사항

(7) 소방시설의 설치 및 관리에 관한 사항

* 화재안전조사 실시자 〔교재 P.19〕
① 소방청장
② 소방본부장
③ 소방서장

* 화재안전조사 관계인의 승낙이 필요한 곳
주거(주택)

7

(8) **건설현장 임시소방시설**의 설치 및 관리에 관한 사항

(9) **피난시설, 방화구획** 및 **방화시설**의 관리에 관한 사항

(10) **방염**에 관한 사항

(11) 소방시설 등의 **자체점검**에 관한 사항

(12) 「**다중이용업소의 안전관리에 관한 특별법**」, 「**위험물안전관리법**」, 「**초고층 및 지하연계 복합건축물 재난관리에 관한 특별법**」의 안전관리에 관한 사항

(13) 그 밖에 소방대상물에 화재의 발생 위험이 있는지 등을 확인하기 위해 **소방관서장**이 화재안전조사가 필요하다고 인정하는 사항

4 화재안전조사 방법 교재 P.21

종합조사	부분조사
화재안전조사 **항목 전체**에 대해 실시하는 조사	화재안전조사 **항목** 중 **일부**를 확인하는 조사

5 화재안전조사 절차 교재 P.21

(1) 소방관서장은 조사대상, 조사시간 및 조사사유 등 조사계획을 인터넷 홈페이지 또는 전산시스템을 통해 **7일** 이상 공개해야 한다.

(2) 소방관서장은 사전통지 없이 화재안전조사를 실시하는 경우에는 화재안전조사를 실시하기 전에 관계인에게 **조사사유** 및 **조사범위** 등을 현장에서 설명해야 한다.

(3) 소방관서장은 화재안전조사를 위하여 소속 공무원으로 하여금 관계인에게 **보고** 또는 **자료**의 **제출**을 요구하거나 소방대상물의 위치·구조·설비 또는 관리상황에 대한 **조사·질문**을 하게 할 수 있다.

＊ 화재안전조사계획 공개 기간 교재 P.21
7일

6 화재안전조사 결과에 따른 조치명령
교재 P.21

(1) **명령권자**
소방관서장(소방**청**장·소방**본**부장·소방**서**장)

공하성 기억법 청본서알

(2) **명령사항**
① **개수**명령
  재축명령 ×
② **이전**명령
③ **제거**명령
④ **사용**의 **금지** 또는 제한명령, 사용폐쇄
⑤ **공사**의 **정지** 또는 중지명령

7 화재예방강화지구의 지정
교재 P.22

(1) **지정권자 : 시·도지사**
(2) **지정지역**
① **시장**지역
② **공장·창고** 등이 밀집한 지역
③ **목조건물**이 밀집한 지역
④ **노후·불량건축물**이 **밀집**한 지역
⑤ **위험물**의 **저장** 및 **처리시설**이 **밀집**한 지역
⑥ **석유화학제품**을 **생산**하는 공장이 있는 지역
⑦ **소방시설·소방용수시설** 또는 **소방출동로**가 **없는** 지역
⑧ 산업입지 및 개발에 관한 법률에 따른 **산업단지**
⑨ 물류시설의 개발 및 운영에 관한 법률에 따른 물류단지
⑩ **소방청장, 소방본부장** 또는 **소방서장**이 화재예방강화지구로 지정할 필요가 있다고 인정하는 지역

* 화재안전조사 조치명령
  권자 교재 P.21
  ① 소방청장
  ② 소방본부장
  ③ 소방서장

* 화재예방강화지구의
  지정
  시·도지사

9

8 화재예방조치 등 교재 P.22

(1) **모닥불, 흡연** 등 화기의 취급 행위의 금지 또는 제한

(2) **풍등** 등 소형열기구 날리기 행위의 금지 또는 제한

(3) **용접·용단** 등 불꽃을 발생시키는 행위의 금지 또는 제한

(4) **대통령령**으로 정하는 화재발생위험이 있는 행위의 금지 또는 제한

(5) 목재, 플라스틱 등 가연성이 큰 물건의 제거, 이격, 적재 금지 등

(6) 소방차량의 통행이나 소화활동에 지장을 줄 수 있는 물건의 이동

03 특정소방대상물 소방안전관리

1 소방안전관리자 및 소방안전관리보조자를 선임하는 특정소방대상물 교재 PP.23-25

* 특급 소방안전관리대상물
50층 이상(지하층 제외) 또는 지상 200m 이상 아파트

소방안전관리대상물	특정소방대상물
특급 소방안전관리대상물 **(동식물원, 철강 등 불연성 물품 저장·취급창고, 지하구, 위험물제조소 등** 제외)	• **50층** 이상(지하층 제외) 또는 지상 **200m** 이상 **아파트** • **30층** 이상(지하층 포함) 또는 지상 **120m** 이상(아파트 제외) • 연면적 **10만m²** 이상(아파트 제외)

소방안전관리대상물	특정소방대상물
1급 소방안전 관리대상물 (동식물원, 철강 등 불연성 물품 저장 · 취급창고, 지하구, 위험물제조소 등 제외)	• 30층 이상(지하층 제외) 또는 지상 120m 지하층 포함 × 이상 **아파트** • 연면적 **15000m²** 이상인 것(아파트 제외) • **11층** 이상(아파트 제외) 11층 미만 × • 가연성 가스를 **1000톤** 이상 저장 · 취급하는 시설
2급 소방안전 관리대상물	• 지하구 • 가스제조설비를 갖추고 도시가스사업 허가를 받아야 하는 시설 또는 가연성 가스를 **100~1000톤** 미만 저장 · 취급하는 시설 • **옥내소화전설비, 스프링클러설비** 설치대상물 • **물분무등소화설비**(호스릴방식 제외) 설치대상물 • 공동주택(옥내소화전설비 또는 스프링클러설비가 설치된 공동주택 한정) • 목조건축물(국보 · 보물)
3급 소방안전 관리대상물	• **자동화재탐지설비** 설치대상물 • **간이스프링클러설비**(주택전용 제외) 설치대상물

✱ 지하구 〔교재〕P.25
2급 소방안전관리대상물

☑ 중요 **최소 선임기준** 〔교재〕PP.23~26

소방안전관리자	소방안전관리보조자
• 특정소방대상물마다 1명	• **300세대** 이상 아파트 : 1명(단, 300세대 초과마다 1명 이상 추가) • 연면적 **15000m²** 이상 : 1명(단, 15000m² 초과마다 1명 이싱 추가) • 공동주택(기숙사), 의료시설, 노유자시설, 수련시설 및 숙박시설(바닥면적 합계 1500m² 미만이고, 관계인이 24시간 상시 근무하고 있는 숙박시설 제외) : 1명

2 소방안전관리자의 선임자격

(1) 특급 소방안전관리대상물의 소방안전관리자 선임자격 [교재] PP.23-24

자 격	경 력	비 고
• 소방기술사 • 소방시설관리사	경력 필요 없음	특급 소방안전관리 자 자격증을 받은 사람
• 1급 소방안전관리자(소방설비기사)	5년	
• 1급 소방안전관리자(소방설비산업기사)	7년	
• 소방공무원	20년	
• 소방청장이 실시하는 특급 소방안전관리대상물의 소방안전관리에 관한 시험에 합격한 사람	경력 필요 없음	

* **특급 소방안전관리자**
  [교재] PP.23-24
  소방공무원 20년

(2) 1급 소방안전관리대상물의 소방안전관리자 선임자격 [교재] P.24

자 격	경 력	비 고
• 소방설비기사 • 소방설비산업기사	경력 필요 없음	1급 소방안전관리 자 자격증을 받은 사람
• 소방공무원	7년	
• 소방청장이 실시하는 1급 소방안전관리대상물의 소방안전관리에 관한 시험에 합격한 사람	경력 필요 없음	
• 특급 소방안전관리대상물의 소방안전관리자 자격이 인정되는 사람		

* **1급 소방안전관리자**
  [교재] P.24
  소방공무원 7년

(3) 2급 소방안전관리대상물의 소방안전관리자 선임 조건 교재 P.25

자 격	경 력	비 고
• 위험물기능장 • 위험물산업기사 • 위험물기능사	경력 필요 없음	2급 소방안전관리 자 자격증을 받은 사람
• 소방공무원	3년	
•「기업활동 규제완화에 관한 특별조치법」에 따라 소방안전관리자로 선임된 사람(소방안전관리자로 선임된 기간으로 한정) • 소방청장이 실시하는 2급 소방안전관리대상물의 소방안전관리에 관한 시험에 합격한 사람 • 특급 또는 1급 소방안전관리대상물의 소방안전관리자 자격이 인정되는 사람	경력 필요 없음	

＊ 2급 소방안전관리자
교재 P.25

소방공무원 3년

(4) 3급 소방안전관리대상물의 소방안전관리자 선임 조건 교재 P.25

자 격	경 력	비 고
• **소방공무원**	1년	3급 소방안전관리 자 자격증을 받은 사람
•「기업활동 규제완화에 관한 특별조치법」에 따라 소방안전관리자로 선임된 사람(소방안전관리자로 선임된 기간으로 한정) • 소방청장이 실시하는 3급 소방안전관리대상물이 소방안전관리에 관한 시험에 합격한 사람 • 특급, 1급 또는 2급 소방안전관리대상물의 소방안전관리자 자격이 인정되는 사람	경력 필요 없음	

＊ 3급 소방안전관리자
교재 P.25

소방공무원 1년

13

＊ 관계인의 업무 교재 P.31
① 피난시설・방화구획 및 방화시설의 유지・관리
② 소방시설, 그 밖의 소방 관련시설의 관리
③ **화기취급**의 감독
④ 소방안전관리에 필요한 업무
⑤ 화재발생시 초기대응

3 관계인 및 소방안전관리자의 업무　교재 P.31

특정소방대상물(관계인)	소방안전관리대상물 (소방안전관리자)
① 피난시설・방화구획 및 방화시설의 관리 ② 소방시설, 그 밖의 소방 관련시설의 관리 ③ **화기취급**의 감독 ④ 소방안전관리에 필요한 업무 ⑤ 화재발생시 초기대응	① 피난시설・방화구획 및 방화시설의 관리 ② 소방시설, 그 밖의 소방 관련시설의 관리 ③ **화기취급**의 감독 ④ 소방안전관리에 필요한 업무 ⑤ **소방계획서**의 작성 및 시행(대통령령으로 정하는 사항 포함) ⑥ **자위소방대** 및 **초기대응체계**의 구성・운영・교육 ⑦ 소방훈련 및 교육 ⑧ 소방안전관리에 관한 업무 수행에 관한 기록・유지 ⑨ 화재발생시 초기대응

＊ 30일 이내
　교재 P.29, P.107
① 소방안전관리자의 **선임・재선임**
② 위험물안전관리자의 선임・재선임

4 소방안전관리자의 선임신고　교재 PP.29-30

선 임	선임신고	신고대상
30일 이내	**14일** 이내	**소방본부장** 또는 **소방서장**

✓ 중요 ▶ **소방안전관리자의 선임연기 신청자**　교재 P.30

2, 3급 소방안전관리대상물의 관계인

5 소방안전관리 업무의 대행 　교재 P.32

대통령령으로 정하는 소방안전관리대상물의 **관계인**은 관리업자로 하여금 소방안전관리 업무 중 **대통령령**으로 정하는 업무를 대행하게 할 수 있으며, 이 경우 선임된 소방안전관리자는 관리업자의 대행업무 수행을 감독하고 대행업무 외의 소방안전관리업무는 직접 수행하여야 한다.

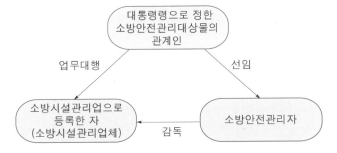

| 소방안전관리 업무대행 순서 |

| 대통령령으로 정하는 소방안전관리 업무대행 |

대통령령으로 정하는 소방안전관리대상물	대통령령으로 정하는 업무
① 11층 이상 1급 소방안전관리 대상물 (단, 연면적 15000m² 이상 및 아파트 제외) ② **2급 · 3급** 소방안전관리대상물	① **피난시설, 방화구획** 및 **방화시설**의 관리 ② 소방시설이나 그 밖의 소방관련시설의 관리

6 건설현장 소방안전관리대상물 　교재 P.33

(1) 연면적 **15000m²** 이상
(2) 연면적 **5000m²** 이상 ┬ ① **지하 2층** 이하인 것
　　　　　　　　　　　　├ ② **지상 11층** 이상인 것
　　　　　　　　　　　　└ ③ 냉동창고, 냉장창고 또는
　　　　　　　　　　　　　　 냉동 · 냉장 창고인 것

15

7 소방안전관리자의 강습 교재 P.35

구 분	설 명
실시기관	한국소방안전원
교육공고	20일 전

8 소방안전관리자 및 소방안전관리보조자의 실무교육 교재 P.36

(1) 실시기관 : **한국소방안전원**

(2) 실무교육주기 : <u>**선임**</u>된 **날**(다음 날)부터 **6개월** 이내,
그 이후 **2년**마다 **1회**
_{합격연월일부터 ✕}

(3) 소방안전관리자가 실무교육을 받지 아니한 때 : 1년 이하의 기간을 정하여 자격정지

(4) 실무교육을 수료한 자 : **교육수료사항**을 **기재**하고 **직인**을 날인하여 교부

(5) 강습·실무교육을 받은 후 **1년 이내**에 선임된 경우 강습교육을 수료하거나 실무교육을 이수한 날에 실무교육을 이수한 것으로 본다.

- '**선임된 날부터**'라는 말은 '**선임한 다음 날부터**'를 의미한다.

 실무교육

소방안전 관련업무 경력보조자	소방안전관리자 및 소방안전관리보조자
선임된 날로부터 **3개월** 이내, 그 이후 **2년**마다 최초 실무교육을 받은 날을 기준일로 하여 매 2년이 되는 해의 기준일과 같은 날 전까지 **1회** 실무교육을 받아야 한다.	선임된 날로부터 **6개월** 이내, 그 이후 **2년**마다 최초 실무교육을 받은 날을 기준일로 하여 매 **2년**이 되는 해의 기준일과 같은 날 전까지 **1회** 실무교육을 받아야 한다.

04 벌 칙

1 5년 이하의 징역 또는 5000만원 이하의 벌금 교재 P.16

(1) 위력을 사용하여 출동한 소방대의 화재진압·인명구조 또는 구급활동을 **방해**하는 행위

(2) 소방대가 화재진압·인명구조 또는 구급활동을 위하여 현장에 출동하거나 현장에 출입하는 것을 고의로 **방해**하는 행위

(3) 출동한 소방대원에게 폭행 또는 협박을 행사하여 화재진압·인명구조 또는 구급활동을 **방해**하는 행위

(4) 출동한 소방대의 소방장비를 파손하거나 그 효용을 해하여 화재진압·인명구조 또는 구급활동을 **방해**하는 행위

(5) 소방자동차의 **출동**을 **방해**한 사람

(6) 사람을 **구출**하는 일 또는 불을 끄거나 불이 번지지 아니하도록 하는 일을 **방해**한 사람

(7) 정당한 사유 없이 소방용수시설 또는 비상소화장치를 사용하거나 소방용수시설 또는 비상소화장치의 효용을 해하거나 그 정당한 사용을 **방해**한 사람

 공하성 **기억법** 5방5000

(8) 소방시설에 폐쇄·차단 등의 행위를 한 자 교재 P.49

비교 **가중처벌 규정**

사람 상해	사 망
7년 이하의 징역 또는 **7천만원** 이하의 벌금	**10년** 이하의 징역 또는 **1억원** 이하의 벌금

Key Point

＊ 3년 이하의 징역 또는 3000만원 이하의 벌금
교재 P.17
화재가 발생하거나 불이 번질 우려가 있는 소방대상물의 강제처분을 방해한 자

2 3년 이하의 징역 또는 3000만원 이하의 벌금 교재 P.17, P.36, P.49

(1) 소방대상물 또는 토지의 강제처분 방해 교재 P.17

(2) **화재안전조사** 결과에 따른 **조치명령**을 정당한 사유 없이 위반한 자 교재 P.36

(3) **화재예방안전진단** 결과에 따른 보수·보강 등의 **조치명령**을 정당한 사유 없이 위반한 자 교재 P.36

(4) 소방시설이 **화재안전기준**에 따라 설치·관리되고 있지 아니할 때 관계인에게 필요한 조치명령을 정당한 사유 없이 위반한 자 교재 P.49

(5) **피난시설, 방화구획** 및 **방화시설**의 관리를 위하여 필요한 조치명령을 정당한 사유 없이 위반한 자 교재 P.49

(6) 소방시설 **자체점검** 결과에 따른 이행계획을 완료하지 않아 필요한 조치의 이행 명령을 하였으나, 명령을 정당한 사유 없이 위반한 자 교재 P.49

3 1년 이하의 징역 또는 1000만원 이하의 벌금 교재 P.36, P.49

(1) **소방안전관리자** 자격증을 다른 사람에게 **빌려주거나** 빌리거나 이를 알선한 자 교재 P.36

(2) **화재예방안전진단**을 받지 아니한 자 교재 P.36

(3) 소방시설의 **자체점검** 미실시자 교재 P.49

＊ 자체점검 미실시자
1년 이하의 징역 또는 1000만원 이하의 벌금

4 300만원 이하의 벌금 교재 P.37, P.49

(1) **화재안전조사**를 정당한 사유 없이 **거부·방해·기피**한 자 교재 P.37

(2) **화재예방조치 조치명령**을 정당한 사유 없이 따르지 아니하거나 방해한 자 교재 P.37

(3) **소방안전관리자, 총괄소방안전관리자, 소방안전관리보조자**를 **선임**하지 아니한 자 교재 P.37

(4) **소방시설 · 피난시설 · 방화시설** 및 **방화구획** 등이 법령에 위반된 것을 발견하였음에도 필요한 조치를 할 것을 요구하지 아니한 소방안전관리자 교재 P.37

(5) **소방안전관리자**에게 **불이익**한 처우를 한 관계인 교재 P.37

(6) 자체점검결과 **소화펌프 고장** 등 중대위반사항이 발견된 경우 필요한 조치를 하지 않은 관계인 또는 관계인에게 중대위반사항을 알리지 아니한 관리업자 등 교재 P.49

5 100만원 이하의 벌금 교재 P.17

(1) 정당한 사유 없이 소방대가 현장에 도착할 때까지 사람을 **구**출하는 조치 또는 불을 끄거나 불이 번지지 않도록 하는 조치를 하지 아니한 소방대상물 관계인

(2) **피**난명령을 위반한 사람

(3) 정당한 사유 없이 **물**의 사용이나 **수도**의 **개폐장치**의 사용 또는 **조**작을 하지 못하게 하거나 방해한 자

(4) 정당한 사유 없이 **소방대**의 **생활안전활동**을 방해한 자

(5) 긴급조치를 정당한 시유 없이 방해한 자

공하성 기억법 구피조1

* 100만원 이하의 벌금
 교재 P.17
피난명령을 위반한 사람

6 500만원 이하의 과태료 [교재 P.17]

화재 또는 **구조 · 구급**이 필요한 상황을 **거짓**으로 알린 사람

7 300만원 이하의 과태료 [교재 P.37, PP.50-51]

(1) 화재의 **예방조치**를 위반하여 화기취급 등을 한 자 [교재 P.37]

(2) 특정소방대상물 소방안전관리를 위반하여 **소방안전관리자**를 **겸한 자** [교재 P.37]

(3) **소방안전관리업무**를 하지 **아니한** 특정소방대상물의 **관계인** 또는 소방안전관리대상물의 **소방안전관리자** [교재 P.37]

＊ 300만원 이하의 과태료
[교재 P.37]
소방안전관리 업무를 하지 아니한 특정소방대상물의 관계인 또는 소방안전관리자

(4) **건설현장** 소방안전관리대상물의 **소방안전관리자**의 업무를 하지 아니한 소방안전관리자 [교재 P.37]

비교 | 건설현장 소방안전관리자 업무태만 | | |
|---|---|---|
| 1차 위반 | 2차 위반 | 3차 위반 이상 |
| 100만원 과태료 | 200만원 과태료 | 300만원 과태료 |

(5) **피난유도 안내정보**를 제공하지 아니한 자 [교재 P.37]

(6) **소방훈련** 및 **교육**을 하지 아니한 자 [교재 P.37]

(7) **소방시설**을 **화재안전기준**에 따라 설치 · 관리하지 아니한 자 [교재 P.50]

＊ 300만원 이하의 과태료
공사현장 임시소방시설 설치 · 관리 ×

(8) 공사현장에 **임시소방시설**을 설치 · 관리하지 아니한 자 [교재 P.50]

(9) **피난시설, 방화구획** 또는 **방화시설**을 폐쇄 · 훼손 · 변경 등의 행위를 한 자 [교재 P.50]

 피난시설·방화시설 폐쇄·변경

1차 위반	2차 위반	3차 위반 이상
100만원 과태료	200만원 과태료	300만원 과태료

(10) **관계인**에게 **점검결과**를 제출하지 아니한 관리업자 등 교재 P.50

(11) 점검결과를 보고하지 아니하거나 거짓으로 보고한 관계인 교재 P.50

 점검결과 지연보고기간

10일 미만	10일~1개월 미만	1개월 이상 또는 미보고	점검결과 축소·삭제 또는 거짓보고
50만원 과태료	100만원 과태료	200만원 과태료	300만원 과태료

(12) **자체점검 이행계획**을 **기간 내**에 **완료**하지 아니한 자 또는 이행계획 완료 결과를 보고하지 아니하거나 거짓으로 보고한 자 교재 P.51

 자체점검 이행계획 지연보고기간

10일 미만	10일~1개월 미만	1개월 이상 또는 미보고	거짓보고
50만원 과태료	100만원 과태료	200만원 과태료	300만원 과태료

(13) **점검기록표**를 **기록**하지 아니하거나 특정소방대상물의 출입자가 쉽게 볼 수 있는 장소에 게시하지 아니한 관계인 교재 P.51

 점검기록표 미기록

1차 위반	2차 위반	3차 위반 이상
100만원 과태료	200만원 과태료	300만원 과태료

Key Point

* 20만원 이하의 과태료
교재 P.18

① 화재로 **오인**할 만한 우려가 있는 불을 피우거나 **연막소독**을 실시하고자 하는 자가 신고를 하지 아니하여 소방자동차를 출동하게 한 자

② 화재로 오인할 만한 불을 피우거나 **연**막소독 시 신고지역
　㉠ **시장**지역
　㉡ **공장·창고** 밀집지역
　㉢ **목조건물** 밀집지역
　㉣ **위험물**의 저장 및 처리시설 밀집지역
　㉤ **석유화학제품**을 생산하는 공장지역
　㉥ **시·도**의 **조례**로 정하는 지역 또는 장소

공하성 기억법
시공 목위석시연

* 100만원 이하의 벌금
교재 P.17

① 피난명령을 위반한 자
② 정당한 사유 없이 물의 사용이나 수도의 개폐장치의 사용 또는 조작을 하지 못하게 방해한 자
③ 정당한 사유 없이 소방대가 현장에 도착할 때까지 사람을 구출하는 조치 또는 불을 끄거나 불이 번지지 않도록 조치를 아니한 사람

22

---

8 200만원 이하의 과태료　교재 P.17, P.38

(1) **소방활동구역**을 출입한 사람　교재 P.17
(2) 소방자동차의 출동에 **지장**을 준 자　교재 P.17

비교	5년 이하의 징역 또는 5000만원 이하의 벌금 교재 P.16	200만원 이하의 과태료 교재 P.17
	소방자동차의 **출동**을 **방해**한 사람	소방자동차의 **출동**에 **지장**을 준 자

(3) 한국소방안전원 또는 이와 유사한 명칭을 사용한 자　교재 P.17
(4) 기간 내에 **소방안전관리자 선임신고**를 하지 아니한 자 또는 소방안전관리자의 성명 등을 게시하지 아니한 자　교재 P.38
(5) 기간 내에 **건설현장 소방안전관리자 선임신고**를 하지 아니한 자　교재 P.38

비교	건설현장 소방안전관리자 선임신고 지연기간		
	1개월 미만	1~3개월 미만	3개월 이상 또는 미제출
	50만원 과태료	100만원 과태료	200만원 과태료

(6) 기간 내에 소방훈련 및 교육 결과를 제출하지 아니한 자　교재 P.38

9 100만원 이하의 과태료　교재 P.18, P.38

(1) **소방자동차 전용구역**에 주차하거나 전용구역에의 진입을 가로막는 등의 방해행위를 한 자　교재 P.18
(2) **실무교육**을 받지 아니한 **소방안전관리자** 및 **소방안전관리보조자**　교재 P.38

10 20만원 이하의 과태료 [교재] P.18

Key Point

＊ 20만원 이하의 과태료
① 화재오인 미신고
② 연막소독 미신고

아래의 지역 또는 장소에서 **화재**로 **오인**할 만한 우려가 있는 불을 피우거나 **연막소독**을 실시하고자 하는 자가 신고를 하지 아니하여 **소방자동차**를 **출동**하게 한 자

(1) 시장지역
(2) **공장·창고**가 밀집한 지역
(3) **목조건물**이 밀집한 지역
(4) 위험물의 저장 및 처리시설이 밀집한 지역
(5) 석유화학제품을 **생산**하는 공장이 있는 지역
(6) 그 밖에 **시·도**의 조례로 정하는 지역 또는 장소

01   소방시설 설치 및 관리에 관한 법률의 목적

교재 P.39

(1) 소방시설 등의 설치·관리와 소방용품 성능관리에 필요
한 사항을 규정함으로써 국민의 생명·신체 및 **재산보호**

(2) **공공**의 **안전**과 **복리증진** 이바지

☑ 중요   용어   교재 P.39

용 어	정 의
소방시설	**소화설비·경보설비·피난구조설비·소화용수설비·소화활동설비**로서 **대통령령**으로 정하는 것
특정소방대상물	① 건축물 등의 규모·용도 및 수용인원 등을 고려하여 소방시설을 설치하여야 하는 소방대상물로서 **대통령령**으로 정하는 것 ② 다수인이 출입 또는 근무하는 장소 중 소방시설을 설치하여야 하는 장소

02   용어의 정의

1 무창층   교재 P.40

지상층 중 다음에 해당하는 개구부면적의 합계가 그 층의 바닥면적의 $\frac{1}{30}$ 이하가 되는 층

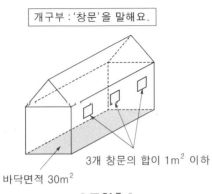

개구부 : '창문'을 말해요.

3개 창문의 합이 1m² 이하

바닥면적 30m²

┃ 무창층 ┃

(1) 크기는 지름 **50cm 이상**의 원이 통과할 수 있을 것
　　　　　　　　이하 ✕

(2) 해당층의 바닥면으로부터 개구부 밑부분까지의 높이
　　가 **1.2m** 이내일 것
　　　1.5m ✕

＊ 개구부 vs 흡수관 투입구

개구부 크기	흡수관 투입구
지름 50cm 이상	지름 60cm 이상

화재발생시 사람이 통과할 수 있는 어깨
너비, 키 등의 최소기준을 생각해 봐요.

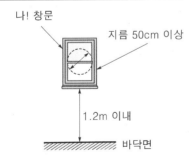

나! 창문

지름 50cm 이상

1.2m 이내

바닥면

(3) **도로** 또는 **차량**이 진입할 수 있는 **빈터**를 향할 것
(4) 화재시 건축물로부디 쉽게 **피난**할 수 있도록 개구부에
　　창살이나 그 밖의 장애물이 설치되지 않을 것
(5) 내부 또는 외부에서 **쉽게 부수거나 열** 수 있을 것

Key Point

* 피난층   교재 P.40

❖ 꼭 기억하세요 ❖

2 피난층 교재 P.40

곧바로 지상으로 갈 수 있는 출입구가 있는 층

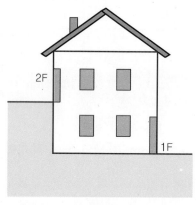

| 피난층 |

공하성 기억법 피곧(피곤)

03 소방시설 등의 설치·관리 및 방염

단독주택 및 공동주택(아파트 및 기숙사 제외) 에 설치하는 소방시설 교재 P.41

(1) 소화기
(2) 단독경보형 감지기

04 방염

1 방염성능기준 이상의 실내장식물 등을 설치하여야 할 장소 [교재 P.41]

(1) 조산원, 산후조리원, 공연장, 종교집회장

(2) **11층** 이상의 층(**아파트** 제외)
   아파트 포함 ×

(3) **체**력단련장

(4) 문화 및 집회시설(옥내에 있는 시설)

(5) 운동시설(**수영장** 제외)
   수영장 포함 ×

(6) **숙**박시설 · **노**유자시설

(7) 의료시설(요양병원 등), 의원

(8) 수련시설(**숙**박시설이 있는 것)

(9) **방**송국 · 촬영소
   전화통신용 시설 ×

(10) 종교시설

(11) 합숙소

(12) 다중이용업소(단란주점영업, 유흥주점영업, 노래연습장의 영업장 등)

공하성 기억법 방숙체노

* **방염성능기준 이상 특정 소방대상물** [교재 P.41]
  운동시설(수영장 제외)

Key Point

✱ 방염대상물품 [교재] P.42

제조 또는 가공공정에서 방염처리를 한 물품	건축물 내부의 천장이나 벽에 설치하는 물품
벽지류(두께가 2mm 미만인 종이벽지 제외)	두께 2mm 이상의 종이류

✱ 가상체험 체육시설업
실내에 1개 이상의 별도의 구획된 실을 만들어 골프종목의 운동이 가능한 시설을 경영하는 영업(**스크린 골프연습장**)

2 방염대상물품 [교재] P.42

제조 또는 가공공정에서 방염처리를 한 물품	건축물 내부의 천장이나 벽에 설치하는 물품
① 창문에 설치하는 **커튼류** (블라인드 포함)	① 종이류(두께 2mm 이상), **합성수지류** 또는 **섬유류**를 주원료로 한 물품
② 카펫	② **합판**이나 **목재**
③ **벽지류**(두께가 2mm 미만인 **종이벽지 제외**)	③ 공간을 구획하기 위하여 설치하는 **간이칸막이**
④ **전시용 합판·목재·섬유판**	④ 흡음·방음을 위하여 설치하는 **흡음재**(흡음용 커튼 포함) 또는 **방음재**(방음용 커튼 포함)
⑤ **무대용 합판·목재·섬유판**	
⑥ **암막·무대막**(영화상영관·가상체험 체육시설업의 **스크린** 포함)	※ **가구류**(옷장, 찬장, 식탁, 식탁용 의자, 사무용 책상, 사무용 의자 및 계산대)와 너비 **10cm 이하**인 **반자돌림대**, **내부마감재료** 제외
⑦ 섬유류 또는 합성수지류로 제작된 **소파·의자** (단란주점·유흥주점·노래연습장에 한함)	

┃ 방염커튼 ┃

3 방염처리된 제품의 사용을 권장할 수 있는 경우 [교재 P.42]

(1) **다**중이용업소 · **의**료시설 · **노**유자시설 · **숙**박시설 · **장**례시설에서 사용하는 **침**구류, **소**파, **의**자

[공하성 기억법] 다의 노숙장 침소의

(2) 건축물 내부의 천장 또는 벽에 부착하거나 설치하는 가구류

4 현장처리물품 [교재 P.43]

방염 현장처리물품의 성능검사 실시기관	방염 선처리물품의 성능검사 실시기관
시 · 도지사(관할소방서장)	한국소방산업기술원

Key Point

✱ 방염처리된 제품의 사용을 권장할 수 있는 경우 [교재 P.42]
① 다중이용업소 ┐
② 의료시설   │ **침**구류
③ 노유자시설   ├ **소**파,
④ 숙박시설   │ **의**지
⑤ 장례시설   ┘

[공하성 기억법]
침소의

✱ 방염 현장처리물품의 성능검사 실시기관 [교재 P.43]
시 · 도지사(관할소방서장)

05 ▶ 소방시설의 자체점검

1 작동점검과 종합점검   교재 PP.44-45

▌소방시설 등 자체점검의 점검대상, 점검자의 자격, 점검횟수 및 시기▐

점검구분	정 의	점검대상	점검자의 자격 (주된 인력)	점검횟수 및 점검시기
작동점검	소방시설 등을 인위적으로 조작하여 정상적으로 작동하는지를 점검하는 것	① 간이스프링클러설비 · 자동화재탐지설비가 설치된 특정소방대상물	• 관계인 • 소방안전관리자로 선임된 소방시설관리사 또는 소방기술사 • 소방시설관리업에 등록된 기술인력 중 소방시설관리사 또는 소방시설공사업법 시행규칙」에 따른 특급 점검자	• 작동점검은 **연 1회** 이상 실시하며, 종합점검대상은 종합점검을 받은 달부터 **6개월**이 되는 달에 실시 • 종합점검대상 외의 특정소방대상물은 사용승인일이 속하는 달의 말일까지 실시
		② ①에 해당하지 아니하는 특정소방대상물	• 소방시설관리업에 등록된 기술인력 중 소방시설관리사 • 소방안전관리자로 선임된 소방시설관리사 또는 소방기술사	
		③ 작동점검 제외대상 • 소방안전관리자를 선임하지 않는 대상 • 위험물제조소 등 • 특급 소방안전관리대상물		

＊ 작동점검 제외대상
교재 P.44

① 위험물제조소 등
② 소방안전관리자를 선임하지 않는 대상
③ 특급 소방안전관리대상물

점검구분	정 의	점검대상	점검자의 자격 (주된 인력)	점검횟수 및 점검시기
종합점검	소방시설 등의 작동점검을 포함하여 소방시설 등의 설비별 주요 구성 부품의 구조기준이 화재안전기준과 「건축법」등 관련 법령에서 정하는 기준에 적합한지 여부를 점검하는 것 (1) 최초점검 : 특정소방대상물의 소방시설 등이 새로 설치되는 경우 건축물을 사용할 수 있게 된 날부터 60일 이내에 점검하는 것	④ 소방시설 등이 신설된 경우에 해당하는 특정소방대상물 ⑤ **스프링클러설비**가 설치된 특정소방대상물 ⑥ **물분무등소화설비**(호스릴방식의 물분무등소화설비만을 설치한 경우는 제외)가 설치된 연면적 **5000m²** 이상인 특정소방대상물(위험물제조소 등 제외) ⑦ 다중이용업의 영업장이 설치된 특정소방대상물로서 연면적이 **2000m²** 이상인 것	• 소방시설관리업에 등록된 기술인력 중 **소방시설관리사** • 소방안전관리자로 선임된 **소방시설관리사** 또는 **소방기술사**	〈점검횟수〉 ㉠ 연 1회 이상(특급 소방안전관리대상물은 반기에 1회 이상) 실시 ㉡ ㉠에도 불구하고 소방본부장 또는 소방서장은 소방청장이 소방안전관리가 우수하다고 인정한 특정소방대상물에 대해서는 3년의 범위에서 소방청장이 고시하거나 정한 기간 동안 종합점검을 면제할 수 있다(단, 면제 기간 중 화재가 발생한 경우는 제외). ㉢ 건축물 사용승인일 이후 ㉠에 따라 종합점검대상에 해당하게 된 경우에는 그 다음 해부터 실시

Key Point

* **종합점검 점검자격**

교재 PP.44-45

① 소방안전관리자
　㉠ 소방시설관리사
　㉡ 소방기술사
② 소방시설관리업자 : 소방시설관리사 참여

점검 구분	정 의	점검대상	점검자의 자격 (주된 인력)	점검횟수 및 점검시기
종합 점검	(2) 그 밖의 종합점검 : 최초 점검을 제외한 종합점검	⑧ **제연설비**가 설치된 터널 ⑨ **공공기관** 중 연면적(터널·지하구의 경우 그 길이와 평균폭을 곱하여 계산된 값)이 **1000m²** 이상인 것으로서 옥내소화전설비 또는 자동화재탐지설비가 설치된 것(단, 소방대가 근무하는 공공기관 제외)	• 소방시설관리업에 등록된 기술인력 중 **소방시설관리사** • 소방안전관리자로 선임된 **소방시설관리사** 또는 **소방기술사**	② 하나의 대지경계선 안에 2개 이상의 자체점검대상 건축물 등이 있는 경우 그 건축물 중 사용승인일이 가장 빠른 연도의 건축물의 사용승인일을 기준으로 점검할 수 있다.

용어 **자체점검**

소방대상물의 **규모·용도** 및 설치된 **소방시설**의 **종류**에 의하여 자체점검자의 **자격·절차** 및 **방법** 등을 달리한다.

2 자체점검 후 결과조치 교재 PP.46-47

2년	10일 이내
작동점검 · 종합점검 결과 **보**관	자체점검 결과보고서 제출

종합성 기억법 보2(보이차)

3 소방시설 등의 자체점검 교재 PP.46-47

구 분	제출기간	제출처
관리업자 또는 소방안전관리자로 선임된 소방시설관리사 · 소방기술사	**10일** 이내	관계인
관계인	**15일** 이내	소방본부장 · 소방서장

Key Point

* 작동점검 · 종합점검 결과 보관 교재 P.47
  2년

* 10일 이내 교재 P.46
  자체점검 결과보고서 제출

* 다중이용업소의 자체점검
  연면적 2000m² 이상

건축관계법령

* 지하층 〔교재 P.53〕
건축물의 바닥이 지표면 아래에 있는 층으로서 그 바닥으로부터 지표면까지의 평균 높이가 해당층 높이의 $\frac{1}{2}$ 이상인 것

01 지하층 〔교재 PP.53~54〕

건축물의 바닥이 지표면 아래에 있는 층으로서 그 바닥으로부터 지표면까지의 평균 높이가 해당층 높이의 $\frac{1}{2}$ **이상**인 것

☑ 참고 **지하층의 개념**

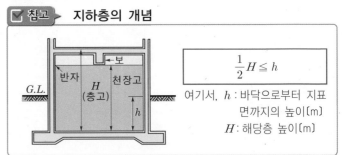

여기서, h : 바닥으로부터 지표면까지의 높이[m]
H : 해당층 높이[m]

$$\frac{1}{2}H \le h$$

* 주요구조부 〔교재 P.54〕
① 내력벽
② 보
③ 지붕틀
④ 바닥
⑤ 주계단
⑥ 기둥

02 주요구조부 〔교재 P.54〕

(1) 내력**벽**(기초 제외)
(2) **보**(작은 보 제외)
(3) **지**붕틀(차양 제외)
(4) **바**닥(최하층 바닥 제외)
(5) **주**계단(옥외계단 제외)
(6) **기**둥(사잇기둥 제외)

공하성 **기억법** **벽보지 바주기**

03 내화구조와 불연재료 교재 P.57

내화구조	불연재료
① 철근콘크리트조	① 콘크리트
② 연와조	② 석재
③ 일정 시간 동안 형태나 강	③ 벽돌
도 등이 크게 변하지 않는	④ 기와
구조	⑤ 철강
④ 대체로 화재 후에도 재사	⑥ 알루미늄
용이 가능한 구조	⑦ 유리
	⑧ 시멘트 모르타르
	⑨ 회

04 건 축 교재 PP.55-56

종 류	설 명
신 축	건축물이 없는 대지(기존 건축물이 철거 또는 멸실된 대지를 포함)에 새로이 건축물을 축조하는 것(부속 건축물만 있는 대지에 새로이 주된 건축물을 축조하는 것을 포함하되, 개축 또는 재축에 해당하는 경우를 제외)
증 축	기존 건축물이 있는 대지 안에서 건축물의 건축면적·연면적·층수 또는 높이를 증가시키는 것을 말한다. 즉, 기존 건축물이 있는 대지에 건축하는 것은 기존 건축물에 붙여서 건축하거나 별동으로 건축하거나 관계없이 증축에 해당
개 축	기존 건축물의 전부 또는 일부(내력벽·기둥·보·지붕틀 중 **3개 이상**이 포함되는 경우)를 철거하고 그 대지 안에 종전과 동일한 규모의 범위 안에서 건축물을 다시 축조하는 것

종 류	설 명
재 축	건축물이 천재지변이나 기타 재해에 의하여 멸실된 경우에 그 대지 안에 다음의 요건을 갖추어 다시 축조하는 것 ① 연면적 합계는 종전 규모 이하로 할 것 ② 동수, 층수 및 높이는 다음 어느 하나에 해당할 것 • 동수, 층수 및 높이가 모두 종전 규모 이하일 것 • 동수, 층수 또는 높이의 어느 하나가 종전 규모를 초과하는 경우에는 해당 동수, 층수 및 높이가 건축법령에 모두 적합할 것
이 전	건축물의 주요구조부를 해체하지 않고 **동일**한 **대지 안**의 다른 위치로 **옮기는 것**
리모 델링	건축물의 노후화를 억제하거나 기능 향상 등을 위하여 대수선하거나 건축물의 **일부**를 **증축** 또는 **개축**하는 행위

＊ 이전
건축물의 주요구조부를 해체하지 않고 동일한 대지 안의 다른 위치로 옮기는 것

＊ 대수선 교재 P.56
서까래 제외

05 대수선의 범위 교재 P.56

(1) **내력벽**을 증설 또는 해체하거나 그 벽면적을 **30m²** 이상 수선 또는 변경하는 것
(2) **기둥**을 증설 또는 해체하거나 **3개** 이상 수선 또는 변경하는 것
(3) **보**를 증설 또는 해체하거나 **3개** 이상 수선 또는 변경하는 것
(4) **지붕틀**(한옥의 경우에는 지붕틀의 범위에서 서까래 제외)을 증설 또는 해체하거나 **3개** 이상 수선 또는 변경하는 것
(5) 방화벽 또는 방화구획을 위한 바닥 또는 벽을 증설 또는 해체하거나 수선 또는 변경하는 것

(6) 주계단·피난계단 또는 특별피난계단을 증설 또는 해체하거나 수선 또는 변경하는 것

(7) 다가구주택의 가구 간 경계벽 또는 다세대주택의 세대 간 경계벽을 증설 또는 해체하거나 수선 또는 변경하는 것

(8) 건축물의 외벽에 사용하는 **마감재료**를 증설 또는 해체하거나 벽면적 **30m²** 이상 수선 또는 변경하는 것

06 내화구조 및 방화구조 교재 P.57

구 분	내화구조	방화구조
정 의	① 화재에 견딜 수 있는 성능을 가진 구조 ② 화재시에 일정시간 동안 형태나 강도 등이 크게 변하지 않는 구조 ③ 화재 후에도 재사용이 가능한 정도의 구조	화염의 확산을 막을 수 있는 성능을 가진 구조
종 류	① 철근콘크리트조 ② 연와조	① 철망 모르타르 바르기 ② 회반죽 바르기

Key Point

* 방화구조 교재 P.57
① 철망 모르타르 바르기
② 회반죽 바르기

07 불연·준불연재료·난연재료 교재 P.57

구 분	불연재료	준불연재료	난연재료
정 의	불에 타지 않는 성능을 가진 재료	불연재료에 준하는 성질을 가진 재료	불에 잘 타지 아니하는 성능을 가진 재료
종 류	① 콘크리트 ② 석재 ③ 벽돌 ④ 기와 ⑤ 유리 ⑥ 철강 ⑦ 알루미늄 ⑧ 시멘트 모르타르 ⑨ 회	–	–

08 면적의 산정 교재 P.57

용 어		설 명
건축면적		건축물의 **외벽**의 중심선으로 둘러싸인 부분의 수평투영면적
바닥면적		건축물의 **각 층** 또는 그 일부로서 벽, 기둥, 기타 이와 유사한 구획의 중심선으로 둘러싸인 부분의 수평투영면적
연면적		하나의 건축물의 각 층의 **바닥면적**의 합계
건폐율		대지면적에 대한 **건축면적**의 비율
용적률		대지면적에 대한 **연면적**의 비율
구역·지역·지구	구역	도시개발구역, 개발제한구역 등
	지역	주거지역, 상업지역 등
	지구	방화지구, 방재지구, 경관지구 등

＊ 방화지구
밀집한 도심지 등에서 화재가 발생할 경우 그 피해가 다른 건물로 미칠 것을 고려하여 건축물 구조를 내화구조로 하고 공작물의 주요부는 불연재로 하는 규제 강화지구

방화문의 구분 교재 P.60

60분+방화문	60분 방화문	30분 방화문
연기 및 불꽃을 차단할 수 있는 시간이 60분 이상이고, 열을 차단할 수 있는 시간이 30분 이상인 방화문	연기 및 불꽃을 차단할 수 있는 시간이 60분 이상인 방화문	연기 및 불꽃을 차단할 수 있는 시간이 30분 이상 60분 미만인 방화문

＊ 방화문
화재의 확대, 연소를 방지하기 위해 방화구획의 개구부에 설치하는 문

10 자동방화셔터의 설치 교재 P.61

(1) 피난이 가능한 **60분+방화문** 또는 **60분 방화문**으로부터 **3m** 이내에 별도로 설치할 것
(2) 전동감식이나 수동방식으로 개폐할 수 있을 것
(3) 불꽃감지기 또는 연기감지기 중 하나와 열감지기를 설치할 것
(4) 불꽃이나 **연기**를 감지한 경우 **일부 폐쇄**되는 구조일 것
(5) 열을 감지한 경우 **완전 폐쇄**되는 구조일 것

＊ 자동방화셔터

일부폐쇄	완전폐쇄
불꽃이나 **연기** 감지	**열** 감지

> 용어 자동방화셔터 교재 P.61
>
> 내화구조로 된 벽을 설치하지 못하는 경우 화재시 연기 및 열을 감지하여 자동폐쇄되는 셔터를 말한다.

제 **2** 편

소방학개론

칭찬 10계명

1. 칭찬할 일이 생겼을 때는 즉시 칭찬하라.

2. 잘한 점을 구체적으로 칭찬하라.

3. 가능한 한 공개적으로 칭찬하라.

4. 결과보다는 과정을 칭찬하라.

5. 사랑하는 사람을 대하듯 칭찬하라.

6. 거짓 없이 진실한 마음으로 칭찬하라.

7. 긍정적인 눈으로 보면 칭찬할 일이 보인다.

8. 일이 잘 풀리지 않을 때 더욱 격려하라.

9. 잘못된 일이 생기면 관심을 다른 방향으로 유도하라.

10. 가끔씩 자기 자신을 스스로 칭찬하라.

제 1 장 연소이론

01 연소이론

1 연소의 3요소와 4요소 　교재 P.71

연소의 3요소	연소의 4요소
• 가연물질 • 산소공급원(공기 · 오존 · 　산화제 · 지연성 가스) • 점화원(활성화에너지) 　공하성 기억법　가산점	• 가연물질 • 산소공급원(공기 · 오존 · 　산화제 · 지연성 가스) • 점화원(활성화에너지) • 화학적인 연쇄반응 　공하성 기억법　가산점연

| 연소의 4요소 |

＊ 연소 　교재 P.71
가연물이 공기 중에 있는
산소 또는 산화제와 반응하
여 **열**과 **빛**을 발생하면서
산화하는 현상

＊ 연소의 3요소
　교재 P.71
① **가**연물질
② **산**소공급원
③ **점**화원
공하성 기억법
가산점

Key Point

☑중요 소화방법의 예 교재 PP.84-85

제거소화	질식소화	냉각소화	억제소화
• 가스밸브의 **폐쇄**(차단) • 가연물 직접 **제거** 및 **파괴** • **촛불**을 입으로 불어 가연성 증기를 순간적으로 날려 보내는 방법 • 산불화재시 진행방향의 나무 **제거**	• 불연성 기체로 연소물을 덮는 방법 • 불연성 포로 연소물을 덮는 방법 • 불연성 고체로 연소물을 덮는 방법	• 주수에 의한 냉각작용 • 이산화탄소 소화약제에 의한 냉각 작용	• 화학적 작용에 의한 소화 방법 • 할론, 할로겐화합물 소화약제에 의한 억제(부촉매) 작용 • 분말소화약제에 의한 억제(부촉매) 작용
연소의 3요소를 이용한 소화방법			연소의 4요소를 이용한 소화방법

2 가연성 물질의 구비조건 교재 P.72

(1) 화학반응을 일으킬 때 필요한 **활성화에너지값**이 **작아야** 한다.

(2) 일반적으로 산화되기 쉬운 물질로서 산소와 결합할 때 **발열량**이 커야 한다.

(3) 열의 축적이 용이하도록 **열전도**의 값이 **작아야** 한다.

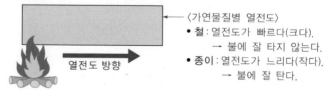

〈가연물질별 열전도〉
• **철** : 열전도가 빠르다(크다).
  → 불에 잘 타지 않는다.
• **종이** : 열전도가 느리다(작다).
  → 불에 잘 탄다.

열전도 방향

┃ 열전도 ┃

(4) 지연성 가스인 산소·염소와의 친화력이 강해야 한다.

(5) 산소와 접촉할 수 있는 표면적이 큰 물질이어야 한다.

(6) **연쇄반응**을 일으킬 수 있는 물질이어야 한다.

> **용어** **활성화에너지(최소 점화에너지)**
>
> 가연물이 처음 연소하는 데 필요한 열

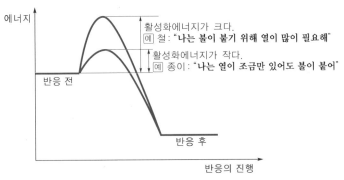

┃ 활성화에너지 ┃

3 가연물이 될 수 없는 조건   교재 P.72

특 징	불연성 물질
불활성기체	• **헬**륨 • **네**온 • **아**르곤 공화성 기억법 헬네아
완전산화물	• 물(H_2O) • 산화알루미늄 • **이산화탄소(CO_2)** • 삼산화황
흡열반응물질	• 질소 • 질소산화물
자체가 연소하지 아니하는 물질	• 돌 • 흙

Key Point

＊ 지연성 가스
가연성 물질이 잘 타도록 도와주는 가스를 말하며 '**조연성 가스**'라고도 함

＊ 이산화탄소   교재 P.72
산소와 화학반응을 일으키지 않음

＊ 흡열반응
열을 흡수하는 반응

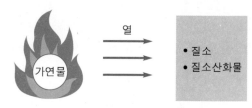

▎흡열반응물질 ▎

4 공기 중 산소(약 21%) 〔교재 PP.72-73〕

▎공기 중 산소농도 ▎

구 분	산소농도
체적비	약 21%
중량비	약 23%

5 점화원 〔교재 PP.73-74〕

종 류	설 명
전기불꽃	**단시간**에 집중적으로 에너지가 방사되므로 에너지 장시간 ✕ 밀도가 높은 점화원이다.
충격 및 마찰	두 개 이상의 물체가 서로 충격·마찰을 일으키면서 작은 불꽃을 일으키는데, 이러한 마찰불꽃에 의하여 가연성 가스에 착화가 일어날 수 있다.
단열압축	기체를 높은 압력으로 압축하면 온도가 상승하는데, 이때 상승한 열에 의한 가연물을 착화시킨다.
불 꽃	항상 화염을 가지고 있는 열 또는 화기로서 위험한 화학물질 및 가연물이 존재하고 있는 장소에서 불꽃의 사용은 대단히 위험하다.
고온표면	작업장의 화기, 가열로, 건조장치, 굴뚝, 전기·기계 설비 등으로서 항상 화재의 위험성이 내재되어 있다.

종 류	설 명
정전기 불꽃	물체가 접촉하거나 결합한 후 떨어질 때 양(+) 전하와 음(−)전하로 **전하의 분리**가 일어나 발생한 **과잉전하**가 물체(물질)에 **축적**되는 현상이다.
자연발화	물질이 외부로부터 에너지를 **공급받지 않아도** 자체적으로 온도가 상승하여 발화하는 현상이다.
복사열	물질에 따라서 비교적 약한 복사열도 장시간 방사로 발화될 수 있다. 예를 들어 햇빛이 유리나 거울에 반사되어 가연성 물질에 장시간 노출시 열이 축적되어 발화될 수 있다.
기 타	이외에 마찰, 충격, 열선, 광선 등도 발화의 에너지원이 될 수 있다.

＊ 자연발화
물질이 외부로부터 에너지를 공급받지 않아도 자체적으로 온도가 상승하여 발화하는 현상이다.

■■ 6 정전기에 의한 재해예방대책 교재 P.74

(1) 정전기의 발생이 우려되는 장소에 **접지시설**을 한다.
(2) **실내**의 **공기**를 **이온화**하여 정전기의 발생을 예방한다.
(3) 정전기는 습도가 낮거나 압력이 높을 때 많이 발생하므로 습도를 **70% 이상**으로 한다.
(4) 전기저항이 큰 물질은 대전이 용이하므로 **전도체물질**을 사용한다.

정전기 발생
전자의 이동
정전기 발생
전자의 이동

∥ 정전기 발생원리 ∥

02 연소용어

1 인화점 [교재 P.75]

(1) 연소범위에서 외부의 직접적인 **점화원**에 의해 **인화**될 수 있는 **최저온도**
(2) 공기 중에서 가연물 가까이 **점화원**을 투여하였을 때 착화되는 **최저**의 **온도**

물 질	인화점
휘발유	−43℃
아세톤	−18.5℃
메틸알코올	11.11℃
에틸알코올	13℃
등 유	39℃ 이상
중 유	70℃ 이상

● 인화점=인화온도

＊ 휘발유 [교재 P.75]
인화점이 가장 낮음

2 발화점 [교재 P.76]

(1) 외부로부터의 직접적인 에너지 공급 없이(점화원 없이) 가열된 **열축적**에 의하여 발화에 이르는 **최저온도**
(2) **점화원**이 **없는 상태**에서 가연성 물질을 공기 또는 산소 중에서 가열함으로써 발화되는 **최저온도**
(3) 발화점=착화점=발화온도
(4) 발화점이 **낮을수록 위험**하다.
(5) 발화점은 보통 **인화점**보다 수백도가 **높은 온도**이다.

물 질	발화점
등 유	210℃
휘발유	280~456℃
중 유	400℃ 이상
메틸알코올	464℃
아세톤	465℃
암모니아	651℃

＊ 등유   교재 P.76
발화점이 가장 낮음

3 연소점   교재 P.76

(1) 인화점보다 **10**℃ 높으며, 연소상태가 **5초** 이상 **유**지
    되는 온도
(2) 점화에너지에 의해 화염이 발생하기 시작하는 온도
(3) 발생한 화염이 꺼지지 않고 지속되는 온도
(4) 연소를 지속시킬 수 있는 최저온도
(5) 연소상태가 계속(유지)될 수 있는 온도

＊ 인화점   교재 P.75
인화점이 낮을수록 위험

＊ 연소점   교재 P.76
인화점보다 10℃ 높으며, 연
소상태가 5초 이상 지속할
수 있는 온도

공하성 기억법   연510유

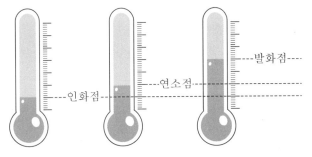

┃ 인화점 · 연소점 · 발화점 ┃

**＊ 발화점 vs 연소점 vs
인화점**   교재 P.76
일반적으로 발화점이 가장
높고 인화점이 가장 낮다.
발화점＞연소점＞인화점

4 온도순서   교재 PP.75~76

인화점 ＜ 연소점 ＜ 발화점

Key Point

용어 연소와 관계되는 용어 교재 PP.75-76

발화점	인화점	연소점
• 외부의 직접적인 점화원 없이 가열된 열의 축적에 의하여 발화에 이르는 **최저의 온도**	• 점화원에 의해 인화되는 최저온도	• 인화점보다 **10**℃ 높으며, 연소상태가 **5초** 이상 **지**속할 수 있는 온도 • 연소를 지속시킬 수 있는 최저온도 • 연소상태가 **계**속될 수 있는 온도 공하성 기억법 연105초지계

중요 등유의 인화점, 연소점, 발화점 온도 교재 PP.75-76

인화점	연소점	발화점
39℃ 이상	인화점+10℃	210℃

5 가연성 증기의 연소범위 교재 P.77

(1) **가연성 증기**와 **공기**와의 혼합상태, 즉 **가연성 혼합기가 연소(폭발)할** 수 있는 범위

(2) 연소농도의 **최저 한도**를 **하한**, **최고 한도**를 **상한**이라 한다.

(3) 혼합물 중 가연성 가스의 농도가 너무 희박해도, 너무 농후해도 연소는 일어나지 않는다.

(4) 연소범위는 **온도**와 **압력**이 **상승**함에 따라 대개 확대되어 **위험성**이 **증가**한다.

* 공기 중 산소농도
교재 P.72

21%

* 점화원의 종류
교재 PP.73-74

① 전기불꽃
② 충격 및 마찰
③ 단열압축
④ 불꽃
⑤ 고온표면
⑥ 정전기불꽃
⑦ 자연발화
⑧ 복사열

가 스	하한계[vol%]	상한계[vol%]
아세틸렌	2.5	81
수 소	4.1	75
메틸알코올	6	36
아세톤	2.5	12.8
암모니아	15	28
휘발유	1.2	7.6
등 유	0.7	5
중 유	1	5

공학성 기억법

아	2581
수	475
메	636
아	25128
암	1528
휘	1276
등	075
중	15

비교

LPG(액화석유가스)의 폭발범위 교재 P.112

부 탄	프로판
1.8~8.4%	2.1~9.5%

2.5% 미만
연소가 일어나지 않는다.

2.5~81%
연소가 일어난다.

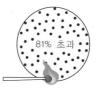
81% 초과
연소가 일어나지 않는다.

┃ 아세틸렌의 연소범위 ┃

Key Point

＊ **연소범위** 교재 P.77
연소범위가 넓을수록 위험

하한 ┃ ⓐ 상한 ┃ ⓑ 상한
'ⓐ 상한'보다 'ⓑ 상한'이
연소(폭발)범위가 넓어 위
험성이 증가할 수 있다.

＊ **아세틸렌** 교재 P.77
연소범위가 가장 넓음

49

* 증기비중 교재 P.77

1보다 크면 공기보다 무겁다.

✓ 중요 **증기비중** 교재 P.77

증기비중이 1보다 큰 기체는 공기보다 무겁다.

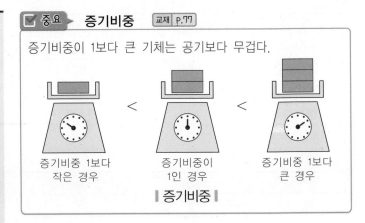

| 증기비중 1보다
작은 경우 | 증기비중이
1인 경우 | 증기비중 1보다
큰 경우 |

▌증기비중▐

제 2 장

화재이론

01 화재의 종류 [교재 PP.78-79]

종 류	적응물질	소화약제
일반화재 (A급)	• 보통가연물(폴리에틸렌 등) • 종이 • 목재, 면화류, 석탄 • **재를 남김**	① 물 ② 수용액
유류화재 (B급)	• 유류 • 알코올 • **재를 남기지 않음**	① 포(폼)
전기화재 (C급)	• 변압기 • 배전반	① 이산화탄소 ② 분말소화약제 ③ 주수소화 금지
금속화재 (D급)	• 가연성 금속류(나트륨 등)	① 금속화재용 분말소화약제 ② 건조사(마른 모래)
주방화재 (K급)	• 식용유 • 동·식물성 유지	① 강화액

* 일반화재 [교재 P.78]
물로 소화가 가능함

02 열전달의 종류 교재 PP.79-80

종 류	설 명
전도 (Conduction)	• 하나의 물체가 다른 물체와 **직접 접촉**하여 전달되는 것 예 가늘고 긴 **금속막대**의 한쪽 끝을 불꽃으로 가열하면 불꽃이 닿지 않은 다른 부분에도 열이 전달되어 뜨거워지는 것
대류 (Convection)	• **유체**의 흐름에 의하여 열이 전달되는 것 예 ① **난로**에 의해 방 안의 공기가 더워지는 것 ② 위쪽에 있는 냉각부분의 **찬 공기**가 아래로 흘러들어 전체를 차게 하는 것
복사 (Radiation)	• 화재시 열의 이동에 가장 크게 작용하는 열이동방식 • 화염의 **접촉 없이** 연소가 확산되는 현상 • 화재현장에서 **인접건물**을 **연소**시키는 주된 원인 예 **양지**바른 곳에서 따뜻한 것을 느끼는 것

03 연소생성물

1 연기의 이동속도 교재 P.81

구 분	이동속도
수평방향	0.5~1.0m/sec
수**직**방향	2~3m/sec
계단실 내의 수직이동속도	3~5m/sec

공하성 기억법 직23, 계35

Key Point

* 전도 교재 P.79
하나의 물체가 다른 물체와 직접 접촉하여 전달되는 것

* 유체 교재 P.80
기체 또는 액체를 말한다.

* 연기가 인체에 미치는 영향 교재 P.81
패닉현상에 빠지게 되는 2차적 재해의 우려가 있다.

2 주요 연소생성물 [교재 P.82]

구 분	설 명
일산화탄소(CO)	인체 내의 **헤**모글로빈과 결합하여 산소의 운반기능 약화 공하성 기억법 **일헤(일해!)**
이산화탄소(CO₂)	가스 자체의 독성은 거의 없으나 **다**량이 존재할 때 호흡속도를 증가시키고 혼합된 유해가스의 흡입을 증가시켜 위험을 가중시킴 공하성 기억법 **이다(연예인 이다해)**
암모니아(NH₃)	—
포스겐(COCl₂)	—
황화수소(H₂S)	—
이산화황(SO₂)	—
시안화수소(HCN)	—

★ 일산화탄소 [교재 P.82]
무색·무취·무미

★ 이산화탄소 [교재 P.82]
무색·무미

04 건물화재성상

1 성장기 vs 최성기 [교재 P.83]

성장기	최성기
• 실내 **전**체가 **화**염에 휩싸이는 **플**래시오버 상태 공하성 기억법 **성전화플** **(화플!와플!)**	• 내화구조 : 최성기까지 **20~30분** 소요, 실내온도 **800~1050℃에** 달함 • 목조건물 : 최성기까지 **10분** 소요, 실내온도 1100~1350℃에 달함 • 연소가 최고조에 달하는 단계

★ 화재성상단계 [교재 P.83]
초기 → 성장기 → 최성기
→ 감쇠기

★ 초기 [교재 P.83]
실내온도가 아직 크게 상승하지 않는다.

Key Point

＊ 내화조 온도특성
　　교재 P.83

┃ 저온장기형 ┃

＊ 목조 온도특성
　　교재 P.83

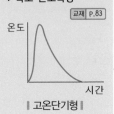

┃ 고온단기형 ┃

＊ 감쇠기 　교재 P.83
온도가 점차 내려가기 시작
한다.

2 실내화재의 진행과 온도변화 　교재 P.83

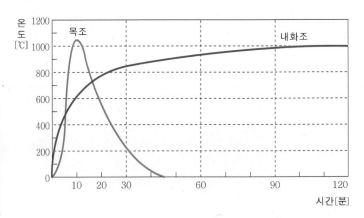

제**3**장 소화이론

01 소화방법 교재 PP.84-85

제거소화	질식소화	냉각소화	억제소화
가연물 제거	산소공급원 차단(산소농도 15% 이하)	**열을 뺏음** (**착화온도** 낮춤)	연쇄반응 약화

산소공급 차단

▌질식소화▐

02 소화방법의 예 교재 PP.84-85

제거소화	• 가스밸브의 **폐쇄** • 가연물 직접 **제거** 및 **파괴** • **촛불**을 입으로 불어 가연성 증기를 순간적으로 날려 보내는 방법 • 산불화재시 진행방향의 나무 **제거**
질식소화	• 불연성 기체로 연소물을 덮는 방법 • 불연성 포로 연소물을 덮는 방법 • 불연성 고체로 연소물을 덮는 방법

냉각소화	● 주수에 의한 냉각작용 ● 이산화탄소소화약제에 의한 냉각작용
억제소화	● 화학적 작용에 의한 소화방법 ● 할론, 할로겐화합물 소화약제에 의한 억제(부촉매)작용 ● 분말소화약제에 의한 억제(부촉매)작용

03 소화약제의 종류별 소화효과 교재 P.85

소화약제의 종류	소화효과
● 물소화약제	① 냉각효과 ② 질식효과
● 포소화약제 ● 이산화탄소소화약제	① 질식효과 ② 냉각효과
● 분말소화약제	① 질식효과 ② 부촉매효과
● 할론소화약제	① 부촉매효과 ② 질식효과 ③ 냉각효과 공하성 기억법 할부냉질

＊ 분말소화약제의 소화효과
교재 P.81

질식·부촉매 효과

56

제 **3** 편

화기취급 감독 및
화재위험작업 허가 · 관리

브레슬로 박사가 제안한 7가지 건강습관

1. 하루 7~8시간 충분한 수면

2. 금연

3. 적정한 체중 유지

4. 과음을 삼간다.

5. 주 3회 이상 운동

6. 아침 식사를 거르지 않는다.

7. 간식을 먹지 않는다.

제 1 장

화재위험작업 안전관리규정

Key Point

교재 P.93

01 가연성 물질이 있는 장소에서 화재위험작업을 하는 경우 준수사항

(1) **작업준비** 및 **작업절차** 수립
(2) 작업장 내 위험물의 **사용 · 보관** 현황 파악
(3) 화기작업에 따른 인근 가연성 물질에 대한 방호조치 및 소화기구 비치
(4) 용접불티 **비산방지덮개**, **용접방화포** 등 불꽃, 불티 등 비산방지 조치
(5) 인화성 액체의 증기 및 인화성 가스가 남아있지 않도록 환기 등의 조치
(6) 작업근로자에 대한 **화재예방** 및 **피난교육** 등 비상조치

＊ 불꽃, 불티 등 비산방지
조치 교재 P.93
① 용접불티 비산방지덮개
② 용접방화포

02 용접 · 용단작업시 화재감시자를 지정하여 용접 · 용단 작업장소에 배치 해야 하는 장소 교재 P.94

(1) 작업반경 **11m 이내**에 건물구조 자체나 내부(개구부 등으로 개방된 부분을 포함)에서 가연성 물질이 있는 장소
(2) 작업반경 **11m 이내**의 바닥 하부에 가연성 물질이 **11m 이상** 떨어져 있지만 불꽃에 의해 쉽게 발화될 우려가 있는 장소

＊ 용접 · 용단작업시 작
업반경
11m 이내

Key Point

(3) 가연성 물질이 금속으로 된 **칸막이·벽·천장** 또는 **지붕**의 반대쪽 면에 인접해 있어 **열전도**나 **열복사** 에 의해 발화될 우려가 있는 장소

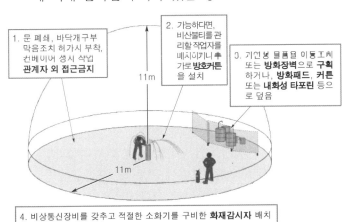

1. 문 폐쇄, 바닥개구부 막음조치 허가시 부착, 컨베이어 상시 작업 **관계자 외 접근금지**

11m

2. 가능하다면, 비산불티를 관리할작업자를 배치시키거나 ♣ 가로 **방호커튼**을 설치

3. 가연성 물품을 이동시켜 또는 **방화장벽**으로 **구획** 하거나, **방화패드**, 커튼 또는 내화성 타포린 등으로 덮음

11m

4. 비상통신장비를 갖추고 적절한 소화기를 구비한 **화재감시자** 배치

‖ 화재감시자 배치 ‖

03 **용접(용단)작업시 비산불티의 특성** 교재 P.98

(1) 용접(용단)작업시 **수천 개**의 비산된 불티 발생
(2) 비산된 불티는 풍향, 풍속 등에 의해 비산거리 상이
(3) 비산불티는 약 **1600℃** 이상의 고온체
(4) 발화원이 될 수 있는 비산불티의 크기의 직경은 약 **0.3~3mm**
(5) 비산불티는 짧게는 작업과 동시에부터 **수 분** 사이, 길게는 수 **시간** 이후에도 화재가능성이 있다.
(6) 용접(용단)작업시 **작업높이**, **철판두께**, **풍속** 등에 따른 불티의 비산거리는 조건 및 환경에 따라 상이

＊ **비산불티**
① 온도 : 약 1600℃
② 직경 : 약 0.3~3mm

01 화기취급작업의 일반적인 절차 [교재] P.100

화재예방을 위하여 화기취급작업을 사전에 허가하고 관련 법령에 근거하여 화재감시자가 입회하여 감독하는 등 안전관리 업무를 수행하여야 하며, 사전허가, 안전조치 및 화기취급 작업 감독의 처리절차와 화기취급작업 신청서 작성, 화기취급작업 허가서 교부 및 안전수칙 등의 사전허가 절차 등을 준수하여야 한다.

✱ 화기취급작업
용접, 용단, 연마, 땜 드릴 등 화염 또는 불꽃(스파크)을 발생시키는 작업 또는 가연성 물질의 점화원이 될 수 있는 모든 기기를 사용하는 작업

	처리절차	업무내용
사전허가	① 작업 허가	• 작업요청 • 승인검토 및 허가서 발급
안전조치	① 화재예방조치 ② 안전교육	• 가연물 이동 및 보호조치 • 소방시설 작동 확인 • 용접·용단장비·보호구 점검 • 화재안전교육
작업 · 감독	① 화재감시자 입회 및 감독 ② 최종작업 확인	• 화재감시자 입회 • 화기취급감독 • 현장상주 및 화재감시 • 작업 종료 확인

제**3**장 위험물안전관리

01 위험물안전관리법

1 지정수량 [교재 P.107]

위험물의 종류별로 위험성을 고려하여 **대통령령**이 정하는 수량으로서 제조소 등의 설치허가 등에 있어서 **최저기준**이 되는 수량

＊위험물 [교재 P.106]
인화성 또는 **발화성** 등의 성질을 가지는 것으로서 **대통령령**이 정하는 물품

2 위험물의 지정수량 [교재 P.107]

위험물	지정수량
유 황	100kg
휘발유	200L 공화성 기억법 **휘2**
질 산	300kg
알코올류	400L
등유·경유	1000L
중 유	2000L 공화성 기억법 **중2(간부 중위)**

3 선임신고 [교재 P.30, P.107]

14일 이내에 **소방본부장·소방서장**에게 신고
(1) 소방안전관리자
(2) 위험물안전관리자

＊30일 이내
[교재 P.30, P.107]
① 소방안전관리자의 **재선임**(다시 선임)
② 위험물안전관리자의 **재선임**(다시 선임)

61

02 위험물류별 특성 교재 PP.107~109

* 제1류 위험물 교재 P.107
산화성 고체

* 제2류 위험물 교재 P.107
가연성 고체

* 제3류 위험물 교재 P.107
물과 반응하거나 자연발화
에 의해 발열

* 제4류 위험물 교재 P.109
증기는 공기와 혼합되어
연소·폭발한다.

유별	성질	설명
제1류	**산**화성 **고**체 공통성 기억법 1산고(일산고)	① 강산화제로서 다량의 산소 함유 ② 가열, 충격, 마찰 등에 의해 분해, 산소 방출
제2류	**가**연성 **고**체 공통성 기억법 2가고(이가 고장)	① 저온착화하기 쉬운 가연성 물질 ② 연소시 유독가스 발생
제3류	자연**발**화성 물질 및 금수성 물질 공통성 기억법 3발(세발낙지)	① 물과 반응하거나 자연발화에 의해 발열 또는 가연성 가스 발생 ② 용기 파손 또는 누출에 주의
제4류	인화성 액체	① **인화**가 용이 ② 대부분 **물보다 가볍고**, 증기는 **공기보다 무거움** ③ **주수소화가 불가능**한 것이 대부분임 ④ 대부분 물에 녹지 않음 ⑤ 증기는 공기와 혼합되어 연소·폭발

유 별	성 질	설 명
제5류	자기반응성 물질	① 가연성으로 **산**소를 함유하여 **자기연소** ② **가열, 충격, 마찰** 등에 의해 착화, 폭발 ③ **연소속도**기 매우 빨리서 소화 곤란 ④ 자기반응성 물질 ⑤ 니트로글리세린(NG), 셀룰로이드, 트리니트로톨루엔(TNT) 교재 P.73 공하성 기억법 **5산(오산지역)**
제6류	산화성 액체 공하성 기억법 **산액**	① 조연성 액체 ② 산화제

* 제5류 위험물
자기반응성 물질

전기안전관리

01 전기화재의 주요 화재원인 [교재] P.110

(1) 전선의 **합선**(단락)에 의한 발화
(2) **누전**에 의한 발화
(3) **과전류**(과부하)에 의한 발화
(4) **규격 미달**의 전선 또는 전기기계기구 등의 과열, 배선 및 전기기계기구 등의 **절연불량** 또는 **정전기**로부터의 불꽃

* 단선 vs 단락

단 선	단 락
선이 끊어진 것	두 선이 붙은 것
안전	화재위험

* **승압 · 고압전류**
전기화재의 주요 원인이라고 볼 수 없다.

중요성 기억법
전승고

02 전기화재 예방요령 [교재] PP.110-111

(1) 사용하지 않는 기구는 전원을 끄고 플러그를 뽑아둔다.
(2) **과전류** 차단장치를 설치한다.
(3) 규격 퓨즈를 사용하고 끊어질 경우 그 원인을 조치한다.
(4) 비닐장판이나 **양탄자 밑**으로는 전선이 지나지 **않도록** 한다.
(5) 누전차단기를 설치하고 **월 1~2회** 동작 여부를 확인한다.
(6) 전선이 쇠붙이나 움직이는 물체와 접촉되지 않도록 한다.
(7) 전선은 묶거나 꼬이지 않도록 한다.

* 누전차단기 [교재] P.111
월 1~2회 동작 여부를 확인

제5장 가스안전관리

‖ LPG vs LNG ‖ 교재 P.112, P.114

교재 P.112, P.114

종 류 구 분	액화석유가스 (LPG)	액화천연가스 (LNG)
주성분	• **프로판**(C_3H_8) • **부탄**(C_4H_{10}) 공하성 기억법 P프부	• **메탄**(CH_4) 공하성 기억법 N메
비 중	• 1.5~2(누출시 낮은 곳 체류)	• 0.6(누출시 천장 쪽 체류)
폭발범위 (연소범위)	• 프로판 : 2.1~9.5% • 부탄 : 1.8~8.4%	• 5~15%
용 도	• 가정용 • 공업용 • 자동차연료용	• 도시가스
증기비중	• 1보다 큰 가스	• 1보다 작은 가스
탐지기의 위치	• 탐지기의 **상단**은 **바닥면**의 **상방 30cm** 이내에 설치 탐지기 ┌─┐ 30cm 이내 바닥 ‖ LPG 탐지기 위치 ‖	• 탐지기의 **하단**은 **천장면**의 **하방 30cm** 이내에 설치 천장 탐지기 ┌─┐ 30cm 이내 ‖ LNG 탐지기 위치 ‖
가스누설 경보기	• 연소기 또는 관통부로부터 수평거리 **4m** 이내에 설치	• 연소기로부터 수평거리 **8m** 이내에 설치

Key Point

* LPG 비중 교재 P.112
1.5~2

제**4**편

피난시설, 방화구획 및 방화시설의 유지·관리

내가 못하면 아무도 못하는

그날까지 . . .

제 **1** 장 방화구획

01 방화구획의 기준 [교재 P.121]

대상 건축물	대상 규모	층 및 구획방법		구획부분의 구조
주요 구조부가 내화구조 또는 불연재료로 된 건축물	연면적 $1000m^2$ 넘는 것	10층 이하	바닥면적 $1000m^2$ 이내마다	• 내화구조로 된 바닥·벽 • 60분+방화문, 60분 방화문 • 자동방화셔터
		매층마다	다만 지하 1층에서 지상으로 직접 연결하는 경사로 부위는 제외	
		11층 이상	바닥면적 $200m^2$ 이내마다(내장재가 불연재인 경우 $500m^2$ 이내마다)	

* **방화구획의 종류**
① 면적별 구획
② 층별 구획
③ 용도별 구획

- 스프링클러, 기타 이와 유사한 **자동식 소화설비**를 설치한 경우 바닥면적은 위의 **3배** 면적으로 산정한다.
- 아파트로서 4층 이상에 대피공간 설치시 실내의 다른 부분과 방화구획

02 방화구획 중점 확인사항 [교재 PP.124~125]

(1) 배관 등이 방화구획 되어 있는 벽 등을 관통하여 틈이 생긴 경우 **내화충진재**로 메워져 있는지 확인

(2) 공조설비와 제연설비의 풍도가 **내화구조**의 **벽, 계단 부속실 벽** 등을 관통할 경우 **방화댐퍼** 설치 여부 확인

＊노대
'발코니'를 의미함

(3) 건축물 내부에서 피난계단의 계단실, 특별피난계단의 **노대** 및 부속실로 통하는 출입구에 방화문 설치 여부 확인
(4) 승강로비 부분을 포함한 승강기의 **승강로 1층** 부분이 건축물의 다른 부분과 방화구획으로 구획되었는지 여부 확인

제 **2** 장 **피난시설, 방화구획 및 방화시설의 유지·관리**

01 피난 · 방화시설 등의 범위 교재 P.126

(1) 피난시설에는 **계단**, **복도**, **출입구**, 그 밖의 피난시설이 있다.

(2) 피난계단의 종류에는 **옥내피난계단**, **옥외피난계단**, **특별피난계단**이 있다.

★ **피난계단의 종류**
① 옥내피난계단
② 옥외피난계단
③ 특별피난계단

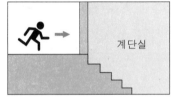

‖ 피난계단 ‖

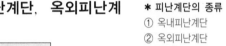

피난계단의 종류	피난시 이동경로
옥내피난계단	옥내 → 계단실 → 피난층
옥외피난계단	옥내 → 옥외계단 → 지상층
특별피난계단	옥내 → 부속실 → 계단실 → 피난층

★ **특별피난계단** 교재 P.126
반드시 부속실이 있음

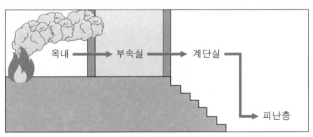

‖ 특별피난계단 ‖

(3) 방화시설에는 **방화구획**, **방화벽** 및 내화성능을 갖춘 **내부마감재** 등이 있다.

02 피난시설, 방화구획 및 방화시설의 훼손행위

교재 P.127

(1) 방화문을 철거(제거)하는 행위나 방화문에 **고임장치**(도어스톱) 등 설치 또는 자동폐쇄장치를 제거하여 그 기능을 저해하는 행위
  설치 ✕

＊ 배연설비 교재 P.127
실내의 연기를 외부로 배출시켜 주는 설비

(2) **배연설비**가 작동되지 아니하도록 기능에 지장을 주는 행위

(3) 기타 객관적인 판단하에 누구라도 피난·방화시설을 훼손하였다고 볼 수 있는 행위(구조적인 시설을 물리력으로 가하여 훼손한 때)

03 피난시설, 방화구획 및 방화시설의 변경행위

교재 P.128

(1) 임의 구획으로 **무창층**을 발생하게 하는 행위

(2) 방화구획에 **개구부**를 **설치**하여 그 기능에 지장을 주는 행위

(3) **방화문**을 **철거**하고 목재, 유리문 등으로 변경하는 행위
  목재·유리문 등은 철거 ✕

(4) **객관적 판단**하에 누구라도 피난·방화시설을 변경하여 건축법령에 위반하였다고 볼 수 있는 행위

04 피난시설, 방화구획 및 방화시설 관련 폐쇄행위

교재 P.127

(1) 건축법령에 의거 설치한 피난·방화시설을 화재시 사용할 수 없도록 폐쇄하는 행위

(2) **계단, 복도** 등에 **방범철책(창)** 등을 설치하여 화재시 피난할 수 없도록 하는 행위

(3) 비상구 등에 잠금장치(고정식 잠금장치 등)를 설치하여 누구나 쉽게 열 수 없도록 하는 행위

(4) 용접, 조적, 쇠창살, 석고보드 또는 합판 등으로 비상(탈출)구의 개방이 불가능하도록 하는 행위

(5) 기타 객관적인 판단하에 누구라도 폐쇄라고 볼 수 있는 행위

05 옥상광장 등의 설치   교재 P.129

(1) 옥상광장 또는 **2층** 이상의 층에 노대 등의 주위에는
    <u>3층 이상 ×</u>
    높이 **1.2m** 이상의 난간 설치

(2) **5층 이상**의 층으로 옥상광장 설치대상
    ① 근린생활시설 중 **공연장·종교집회장·인터넷 컴퓨터게임 시설제공업소(바닥면적 합계**가 각각 **300m² 이상)**
    ② 문화 및 집회시설(전시장 및 동·식물원 **제외)**
    ③ 종교시설, 판매시설, 주점영업, 장례시설

✱ 노대   교재 P.129
'**베란다**' 또는 '**발코니**'를 말한다.

✱ 옥상광장
2층 이상의 노대 주위에 1.2m 이상의 난간 설치

제 5 편

소방시설의 종류
및 기준, 구조 · 점검

이제 고지가 얼마 남지 않았다.

01 간이소화용구 교재 P.133

(1) **에어로졸식** 소화용구
(2) **투척용** 소화용구
(3) 소공간용 소화용구 및 소화약제 외의 것(**팽창질석,
 팽창진주암, 마른모래**)을 이용한 간이소화용구

> **＊ 마른모래**
> 예전에는 '**건조사**'라고 불
> 리었다.

02 피난구조설비 교재 P.134

(1) 피난기구
　　① **피**난사다리
　　② **구**조대
　　③ **완**강기
　　④ 간이완강기
　　⑤ 미끄럼대
　　⑥ 다수인 피난장비 ┐
　　⑦ 승강식 피난기 ┘ 그 밖에 화재안전기준
　　　　　　　　　　　으로 정하는 것

> **＊ 피난구조설비** 교재 P.134
> ① 비상조명등
> ② 유도등

공하성 기억법 피구완

(2) 인명구조기구
　　① **방열**복
　　② **방화**복(안전모, 보호장갑, 안전화 포함)

> **＊ 인명구조기구** 교재 P.134
> ① 방열복
> ② 방화복(안전모, 보호장
> 　갑, 안전화 포함)
> ③ 공기호흡기
> ④ 인공소생기

③ **공**기호흡기

④ **인**공소생기

공하성 기억법 방화열공인

(3) 유도등·유도표지

(4) 비상조명등·휴대용 비상조명등

(5) 피난유도선

---

* **소화활동설비** 교재 P.135
화재를 진압하거나 인명구
조활동을 위하여 사용하는
설비

* **물분무등소화설비**
교재 P.134
① 물분무소화설비
② **미**분무소화설비
③ **포**소화설비
④ **이**산화탄소소화설비
⑤ **할**론소화설비
⑥ **할**로겐화합물 및 불활성
기체 소화설비
⑦ **분**말소화설비
⑧ **강**화액소화설비
⑨ **고**체에어로졸소화설비
공하성 기억법
분포할이 할강미고

---

03 ▶ 소화활동설비 교재 P.135

(1) 연결송수관설비

(2) 연결살수설비

(3) 연소방지설비

(4) 무선통신보조설비

(5) 제연설비

(6) 비상**콘**센트설비

공하성 기억법 3연무제비콘

제 2 장 소화설비

01 소화기구

1 소화능력 단위기준 및 보행거리

교재 P.144, P.148

소화기 분류		능력단위	보행거리
소형소화기		**1단위** 이상	20m 이내
대형소화기	A급	**10단위** 이상	30m 이내
	B급	**20단위** 이상	

공하성 기억법 보3대, 대2B(데이빗!)

✱ 대형소화기 교재 P.144
① A급 : 10단위 이상
② B급 : 20단위 이상

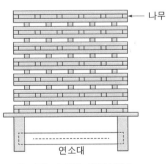

← 나무

연소대

┃A급 소화능력시험┃

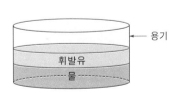

← 용기

휘발유

물

┃B급 소화능력시험┃

2 분말소화기 vs 이산화탄소소화기

교재 PP.144~145

(1) 분말소화기

① 소화약제 및 적응화재

적응화재	소화약제의 주성분	소화효과
BC급	탄산수소나트륨($NaHCO_3$)	• 질식효과 • 부촉매(억제)효과
	탄산수소칼륨($KHCO_3$)	
ABC급	제1인산암모늄($NH_4H_2PO_4$)	
BC급	탄산수소칼륨($KHCO_3$)＋요소(($NH_2)_2CO$)	

＊ ABC급 교재 P.144
제1인산암모늄
($NH_4H_2PO_4$)

② 구조

가압식 소화기	축압식 소화기
• 본체 용기 내부에 가압용 가스 용기가 **별도**로 설치되어 있으며, 현재는 생산 중단	• 본체 용기 내에는 규정량의 소화약제와 **함께** 압력원인 **질소가스**가 충전되어 있음 • 용기 내 압력을 확인할 수 있도록 지시압력계가 부착되어 사용 가능한 범위가 **0.7~0.98MPa**로 **녹색**으로 되어 있음

＊ 분말소화기 vs 이산화 탄소소화기

분말소화기	이산화탄소 소화기
10년	내용연수 없음

＊ 소화능력단위
A3, B5, C급 적응

일반화재 ─ 전기화재
3단위 ─ 사용가능
유류화재
5단위

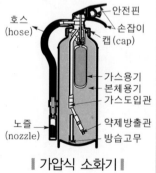

■ 가압식 소화기 ■

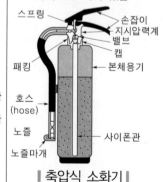

■ 축압식 소화기 ■

③ 내용연수 _{교재} P.145

소화기의 내용연수를 **10년**으로 하고 내용연수가
지난 제품은 교체 또는 성능확인을 받을 것

내용연수 경과 후 10년 미만	내용연수 경과 후 10년 이상
3년	1년

(2) 이산화탄소소화기

주성분	적응화재
이산화탄소(CO_2)	BC급

3 할론소화기 교재 P.146

종 류	분자식
할론 1211	CF_2ClBr
할론 1301	CF_3Br
할론 2402	$C_2F_4Br_2$

- 숫자는 각각 원소의 개수!

1	2	1	1	1	3	0	1	2	4	0	2
↓	↓	↓	↓	↓	↓	↓	↓	↓	↓	↓	↓
C_1	F_2	Cl_1	Br_1	C_1	F_3	X	Br_1	C_2	F_4	X	Br_2

Key Point

* 대형소화기 교재 P.144

분 류	능력단위
A급	10단위 이상
B급	20단위 이상
C급	적응성이 있는 것

* 이산화탄소소화기
혼 파손시 교체해야 한다.

* 물질별 소화약제
교재 P.144

물 질	소화약제
나트륨	• 마른모래
목 재	• 물
유 류	• 품소화약제 (포소화약제)
전 기	• 이산화탄소소화약제 • 할론소화약제

Key Point

* **소화기구의 표시사항**
교재 P.148

① 소화기-소화기
② 투척용 소화용구-투척용 소화용구
③ 마른모래-소화용 모래
④ 팽창진주암 및 팽창질석 -소화질석

* **소화기의 설치기준**
교재 P.148

① 설치높이 : 바닥에서 1.5m 이하
② 설치면적 : 구획된 실 바닥면적 33m² 이상에 1개 설치

* **1.5m 이하**
교재 P.148, P.161

① 소화기구(자동확산소화기 제외)
② 옥내소화전 방수구

4 특정소방대상물별 소화기구의 능력단위 기준 교재 P.148

특정소방대상물	소화기구의 능력단위	건축물의 주요구조부가 **내화구조**이고, 벽 및 반자의 실내에 면하는 부분이 **불연재료·준불연재료** 또는 **난연재료**로 된 특정소방대상물의 능력단위
• **위**락시설 기억법 위3(위상)	바닥면적 **3**0m²마다 1단위 이상	바닥면적 60m²마다 1단위 이상
• **공**연장 • **집**회장 • **관**람장 • **문**화재 • **장**례식장 및 **의**료시설 기억법 5공연장 문의 집관람(손오공 연장 문의 집관람)	바닥면적 **5**0m²마다 1단위 이상	바닥면적 100m²마다 1단위 이상
• **근**린생활시설 • **판**매시설 • 운수시설 • **숙**박시설 • **노**유자시설 • **전**시장	바닥면적 **1**00m²마다 1단위 이상	바닥면적 200m²마다 1단위 이상

특정소방대상물	소화기구의 능력단위	건축물의 주요구조부가 **내화구조**이고, 벽 및 반자의 실내에 면하는 부분이 **불연재료·준불연재료** 또는 **난연재료**로 된 특정소방대상물의 능력단위
• 공동**주**택 • **업**무시설 • **방**송통신시설 • 공장 • **창**고시설 • **항**공기 및 자동**차**관련시설, **관광**휴게시설 공하성 기억법 근판숙노전 주업방차창 1항 관광(근판숙노전 주업방차창 일본항 관광)	바닥면적 **100m²**마다 1단위 이상	바닥면적 **200m²**마다 1단위 이상
• 그 밖의 것	바닥면적 **200m²**마다 1단위 이상	바닥면적 **400m²**마다 1단위 이상

Key Point

* **소수점 발생시**
교재 P.26, P.148

소화기구의 능력단위	소방안전관리 보조자수
소수점 올림	소수점 버림

* **별도로 구획된 실**
교재 P.149
바닥면적 33m² 이상에만 소화기 1개 배치

* **소화기** 교재 P.148
① 각 층마다 설치
② 설치높이 : 바닥에서 1.5m 이하

5 소화기 점검 | 교재 | P.151 |

(1) 호스 · 혼 · 노즐

▮호스 파손▮

▮호스 탈락▮

▮노즐 파손▮

▮혼 파손▮

(2) 지시압력계의 색표시에 따른 상태

노란색(황색)	녹 색	적 색
▮압력이 부족한 상태▮	▮정상압력 상태▮	▮정상압력보다 높은 상태▮

6 주거용 주방자동소화장치 | 교재 | P.154 |

주거용 주방에 설치된 열발생 조리기구의 사용으로 인한 화재발생시 열원(**전기** 또는 **가스**)을 자동으로 차단하며, 소화약제를 방출하는 소화장치

* **지시압력계** | 교재 | P.151 |
① 노란색(황색) : 압력부족
② 녹색 : 정상압력
③ 적색 : 정상압력 초과

노란색
(황색)   녹색 적색

▮소화기 지시압력계▮

* **지시압력계**

노란색 (황색)	녹색	적색
압력부족	압력정상	압력높음

* **내용연수**

10년 미만	10년 이상
3년	1년

* **주거용 주방자동소화장치**
| 교재 | P.154 |

① 열원자동차단
② 소화약제방출

80

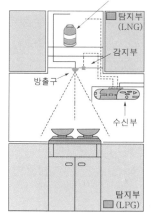

소화약제저장용기

탐지부 (LNG)

감지부

방출구

수신부

탐지부 (LPG)

02 옥내소화전설비

┃ 옥내소화전설비 vs 옥외소화전설비 ┃

교재 P.158, PP.161-162, PP.175-176

구 분	옥내소화전설비	옥외소화전설비
방수량	● 130L/min 이상	● 350L/min 이상
방수압	● 0.17~0.7MPa 이하	● 0.25~0.7MPa 이하
호스구경	● 40mm(호스릴 25mm) **공하성 기억법** 내호25, 내4 (내사 종결)	● 65mm
최소방출 시간	● **20분** : 29층 이하 ● **40분** : 30~49층 이하 ● **60분** : 50층 이상	● **20분**
설치거리	수평거리 **25m** 이하	수평거리 **40m** 이하
표시등	**적색등**	**적색등**

* 옥내소화전설비

교재 P.158

① 방수량 : 130L/min 이상
② 최소방수압 : 0.17MPa

* 옥내소화전설비 유효
수량 　교재 P.158
타소화설비와 수원이 겸용
인 경우 각각의 소화설비 유
효수량을 가산한 양 이상으
로 한다.

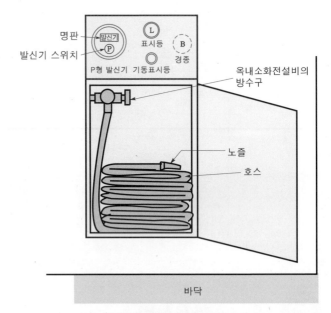

┃ 옥내소화전설비 ┃

(1) 옥내소화전 방수압력 측정 　교재 P.164

* 방수압력측정계
'피토게이지'라고도 불린다.

* 방수압력측정
　교재 PP.163~164
① 직사형 관창 이용
② 최상층 소화전 개방시 소
방펌프 자동기동 및 기동
표시등 확인

* 옥내소화전 방수압력
시험
① 직사형 관창
② 방수압력측정계(피토게
이지)

① 측정장치 : 방수압력측정계(피토게이지)

②

방수량	방수압력
130L/min	0.17~0.7MPa 이하

③ 방수시간 **3분** 및 방사거리 **8m** 이상으로 정상범
위인지 측정한다.

④ 방수압력 측정방법 : 방수구에 호스를 결속한 상태
로 노즐의 선단에 방수압력측정계(피토게이지)를
근접$\left(\dfrac{D}{2}\right)$시켜서 측정하고 방수압력측정계의 압력
계상의 눈금을 확인한다.

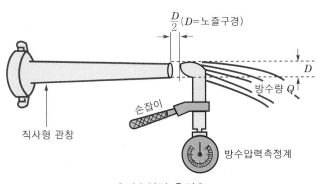

┃방수압력 측정┃

(2) 옥내소화전설비 수원저수량

$$Q = 2.6\,N\,(30층\ 미만)$$
$$Q = 5.2N\,(30{\sim}49층\ 이하)$$
$$Q = 7.8N\,(50층\ 이상)$$

여기서, Q : 수원의 저수량〔m³〕

N : 가장 많은 층의 소화전개수(**30층 미만 : 최대 2개, 30층 이상 : 최대 5개**)

(3) 가압송수장치의 종류 교재 PP.158-159

종 류	특 징
펌프방식	기동용 수압개폐장치 설치
고가수조방식	자연낙차압 이용
압력수조방식	압력수조 내 공기 충전
가압수조방식	별도 압력탱크

* 압력수조방식 vs 가압
  수조방식

압력수조방식	가압수조방식
별도 공기압력 탱크 없음	별도 공기압력 탱크 있음

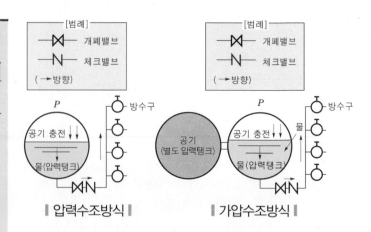

|압력수조방식| |가압수조방식|

(4) 순환배관과 릴리프밸브 교재 PP.159-160

* 릴리프밸브 교재 P.159
  수온이 상승할 때 과압 방출

순환배관	릴리프밸브
펌프의 **체절운전**시 수온이 상승하여 펌프에 무리가 발생하므로 순환배관상의 수온상승 방지	과압 방출

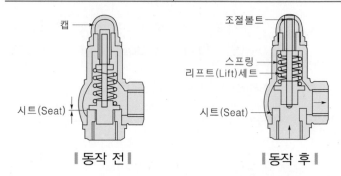

|동작 전| |동작 후|

* 옥내소화전 사용방법
  교재 P.157

① 문을 연다.
② 호스를 빼고 노즐을 잡는다.
③ 밸브를 돌린다.
④ 불을 향해 쏜다.

* 옥내소화전 방수구 설
  치높이 교재 P.161
  1.5m 이하

(5) 옥내소화전함 등의 설치기준 교재 PP.161-162

① 방수구 : 층마다 설치하되 소방대상물의 각 부분으로부터 1개의 옥내소화전 방수구까지의 **수평거리 25m 이하**가 되도록 할 것(호스릴 옥내소화전설비 포함). 단, 복층형 구조의 공동주택의 경우에는 세

* 옥내소화전 방수구
  수평거리 25m 이하

* 옥외소화전 방수구
  수평거리 40m 이하

대의 출입구가 설치된 층에만 설치

② 호스 : 구경 **40mm**(호스릴 옥내소화전설비의 경우에는 **25mm**) **이상**의 것으로 물이 유효하게 뿌려질 수 있는 길이로 설치

중요 옥내소화전함 표시등 설치위치

위치표시등	펌프기동표시등 설치위치
옥내소화전함의 **상부**	옥내소화전함의 **상부** 또는 그 **직근(적색등)**

(6) 옥내소화전설비 유효수량의 기준

일반배관과 소화배관 사이의 유량을 말한다.

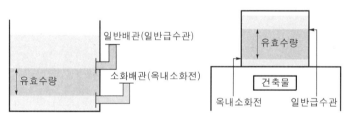

| 유효수량 |

* 유효수량
일반배관(일반급수관)과 소화배관(옥내소화전) 사이의 유량

(7) 옥내소화전 기동용 수압개폐장치(압력챔버)

교재 PP.160-161

역 할	용 적
① 배관 내 설정압력 유지 ② 완충작용	100L 이상

* 100L 이상
① 기동용 수압개폐장치(압력챔버)
② 물올림탱크

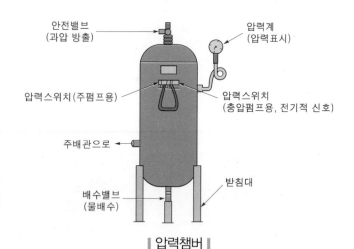

| 압력챔버 |

안전밸브
(과압 방출)

압력계
(압력표시)

압력스위치(주펌프용)

압력스위치
(충압펌프용, 전기적 신호)

주배관으로

받침대

배수밸브
(물배수)

＊ 감시제어반 정상상태
① 선택스위치 : 연동
② 주펌프 : 정지
③ 충압펌프 : 정지

＊ 정상적인 제어반 스위치

주펌프 운전선택스위치	충압펌프 운전선택스위치
자동	자동

**＊ 선택스위치 : 수동,
주펌프 : 기동**
① POWER : 점등
② 주펌프기동 : 점등
③ 주펌프 펌프기동 : 점등

＊ 주펌프만 수동으로 기동
① 선택스위치 : 수동
② 주펌프 : 기동
③ 충압펌프 : 정지

＊ 충압펌프
'보조펌프'라고도 부른다.

＊ 평상시 상태
(1) 동력제어반
　① 주펌프 : 자동
　② 충압펌프 : 자동
(2) 감시제어반
　① 선택스위치 : 자동
　② 주펌프 : 정지
　③ 충압펌프 : 정지

(8) 제어반 스위치·표시등 　교재 PP.162~163, p.170

동력제어반, 감시제어반, 주펌프·충압펌프 모두 **'자동'** 위치

주펌프　충압펌프

수동 정지 자동　수동 정지 자동

기동　기동

정지　정지

펌프기동　펌프기동

| 동력제어반 스위치 |

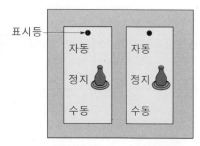

표시등

자동　자동
정지　정지
수동　수동

(a) 주펌프　(b) 충압펌프
운전선택스위치　운전선택스위치

| 감시제어반 스위치 |

03 옥외소화전 및 옥외소화전함 | 교재 | PP.174-175 |

소방대상물의 각 부분으로부터 호스접결구까지의 **수평거리**가 **40m 이하**가 되도록 설치하여야 하며, 호스구경은 **65mm**의 것으로 하여야 한다.

설치거리	호스구경
5m 이내	65mm

‖ 옥외소화전함의 설치거리 ‖

중요

구 분	옥내소화전	옥외소화전
방수압력	0.17~0.7MPa	0.25~0.7MPa
방수량	130L/min	350L/min
호스구경	40mm(호스릴 25mm)	65mm

＊ 옥외소화전
| 교재 | P.174 |
① 수평거리 : 40m 이하
② 호스구경 : 65mm

＊ 옥내소화전
| 교재 | PP.161-162 |
① 수평거리 : 25m 이하
② 호스구경 : 40mm

04 스프링클러설비

1 스프링클러설비의 종류 　교재 PP.179-184

```
                ┌ 폐쇄형 스프링클러헤드 ┬ 습식
                │ 방식                ├ 건식
스프링클러설비 ┤                     └ 준비작동식
                │
                └ 개방형 스프링클러헤드 ── 일제살수식
                  방식
```

공하성 기억법 　폐습건준, 일개

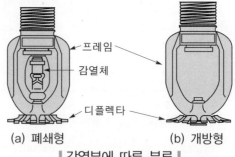

프레임
감열체
디플렉타

(a) 폐쇄형　　　　　(b) 개방형

┃ 감열부에 따른 분류 ┃

2 스프링클러설비의 비교 　교재 PP.179-184

구 분	1차측 배관	2차측 배관	밸브 종류	헤드 종류
습 식	소화수	소화수	자동경보 밸브	폐쇄형 헤드
건 식	소화수	압축공기	건식 밸브	폐쇄형 헤드
준비 작동식	소화수	대기압	준비작동 밸브	폐쇄형 헤드 (헤드 개방시 살수)
부압식	소화수	부압	준비작동 밸브	폐쇄형 헤드 (헤드 개방시 살수)
일제 살수식	소화수	대기압	일제개방 밸브	개방형 헤드 (모든 헤드에 살수)

3 스프링클러설비의 종류 　교재 P.184

구 분		장 점	단 점
폐쇄형 헤드 사용	습 식	• **구조가 간단**하고 **공사비 저렴** • 소화가 신속 • 타방식에 비해 유지·관리 용이	• **동결** 우려 장소 사용 **제한** • 헤드 오동작시 수손피해 및 배관부식 촉진
	건 식	• 동결 우려 장소 및 옥외 사용 <u>가능</u> 곤란 ×	• 살수 개시 시간지연 및 복잡한 구조 • 화재 초기 **압축공기**에 의한 화재 촉진 우려 • 일반헤드인 경우 **상향형**으로 시공하여야 함
	준비 작동식	• 동결 우려 장소 사용가능 • 헤드 오동작(개방)시 수손피해 우려 없음 • 헤드 개방 전 경보로 조기대처 용이	• 감지장치로 감지기 별도 시공 필요 • 구조 복잡, 시공비 고가 • 2차측 배관 부실시공 우려
	부압식	• 배관파손 또는 오동작시 **수손피해 방지**	• 동결 우려 장소 사용제한 • 구조가 다소 복잡
개방형 헤드 사용	일제 살수식	• **초기화재**에 신속대처 용이 • 층고가 높은 장소에서도 소화 가능	• 대량살수로 수손피해 우려 • 화재감지장치 별도 필요

∗ 개방형 헤드 사용설비
일제살수식

4 헤드의 기준개수 교재 P.178

특정소방대상물			폐쇄형 헤드의 기준 개수
지하가·지하역사			30
11층 이상			
10층 이하	공장(특수가연물)		
	판매시설, 복합건축물(판매시설이 설치되는 복합건축물)		
	근린생활시설·운수시설		20
	8m 이상		
	8m 미만		10

5 각 설비의 주요사항 교재 P.158, P.162, P.175, P.178

구 분	스프링클러설비	옥내소화전설비	옥외소화전설비
방수압	0.1~1.2MPa 이하	0.17~0.7MPa 이하	0.25~0.7MPa 이하
방수량	80L/min 이상	130L/min 이상 (30층 미만 : 최대 2개, 30층 이상 : 최대 5개)	350L/min 이상 (최대 2개)
방수구경	–	40mm	65mm

> **중요 충압펌프 기동점**
>
> 충압펌프 기동점＝주펌프 기동점+0.05MPa

6 습식 스프링클러설비의 작동순서 교재 P.180

(1) 화재발생
(2) 헤드 개방 및 방수

Key Point

* 11층 이상 폐쇄형 헤드의 기준 개수

30개

* 방수압

옥내소화전설비	옥외소화전설비
0.17~0.7MPa 이하	0.25~0.7MPa 이하

* 디플렉타(Deflector)

스프링클러헤드의 방수구에서 유출되는 물을 세분시키는 작용을 하는 것

* 스프링클러설비 기동점 공식

기동점＝RANGE–DIFF
　　　＝자연낙차압
　　　　+0.15MPa

* 스프링클러설비 정지점 공식

정지점＝RANGEE

* 충압펌프 기동점

충압펌프 기동점
＝주펌프 기동점+0.05MPa

(3) 2차측 배관압력 저하

(4) 1차측 압력에 의해 습식 유수검지장치의 클래퍼 개방

(5) 습식 유수검지장치의 압력스위치 작동 → **사이렌 경보**, **감시제어반**의 **화재표시등**, **밸브개방표시등** 점등

(6) 배관 내 압력저하로 기동용 수압개폐장치의 압력스위치 작동 → 펌프기동

🔲 중요 펌프성능시험 [교재 PP.165-169]

(1) 펌프성능시험 준비 : 펌프토출측 밸브 **폐쇄**
(2) 체절운전 = 정격토출압력 × **140%(1.4)**
(3) 유량측정시 기포가 통과하는 원인
  ① 흡입배관의 이음부로 공기가 유입될 때
  ② 후드밸브와 수면 사이가 너무 가까울 때
  ③ 펌프에 공동현상이 발생할 때

스프링클러헤드(폐쇄형)

2차측(물) 배관

사이렌

알람밸브

기동용
수압개폐장치   시험밸브함

1차측(물) 배관

수조

동력 · 감시제어반

* **습식 스프링클러설비의 작동** [교재 P.185]
알람밸브 2차측 압력이 저하되어 클래퍼가 개방(작동)되면 압력수 유입으로 압력스위치가 동작

* **개폐표시형 개폐밸브** [교재 P.165]
유체의 흐름을 완전히 차단 또는 조정하는 밸브

* **유량조절밸브** [교재 P.165]
유량조절을 목적으로 사용하는 밸브로서 유량계 후단에 설치

* **알람밸브**
'자동경보밸브'라고도 부른다.

Key Point

＊습식 스프링클러설비의
클래퍼 개방시

교재 P.180

① 사이렌 경보
② 화재표시등 점등
③ 밸브개방표시등 점등

＊준비작동식 스프링클러
설비 교재 P.182

준비작동식 유수검지장치(프리액션밸브)를 중심으로 1차측은 가압수로, 2차측은 대기압 상태로 유지되어 있다가 화재발생시 감지기의 작동으로 2차측 배관에 소화수가 충수된 후 화재시 열에 의한 헤드 개방으로 배관 내의 유수가 발생하여 소화하는 방식이다.

7 습식 유수검지장치의 작동과정 교재 PP.179-180

(1) 클래퍼 개방

(2) **시트링홀**로 물이 들어감

(3) 압력스위치를 동작시켜 제어반에 **사이렌**, **화재표시등**, **밸브개방표시등**의 신호를 전달

(4) **펌프기동**

8 준비작동식 스프링클러설비 작동순서

교재 P.182

(1) 작동순서

① 화재발생

② 교차회로방식의 A 또는 B 감지기 작동(경종 또는 사이렌 경보, 화재표시등 점등)

③ 감지기 A와 B 감지기 작동 또는 수동기동장치(SVP)
　　　　　 or ×
작동

④ 준비작동식 유수검지장치 작동
　㉠ 전자밸브(솔레노이드밸브) 작동
　㉡ 중간챔버 감압
　㉢ 밸브개방
　㉣ 압력스위치 작동 → 사이렌 경보, 밸브개방표시등 점등

⑤ 2차측으로 급수

⑥ 헤드개방, 방수

⑦ 배관 내 압력저하로 기동용 수압개폐장치의 압력스위치 작동 → 펌프 기동

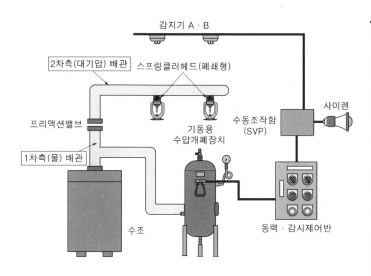

(2) 준비작동식 유수검지장치(프리액션밸브) 교재 P.183

A·B 감지기가 모두 동작하면 중간챔버와 연결된 전자밸브(솔레노이드밸브)가 개방되면서 중간챔버의 물이 배수되어 클래퍼가 밀려 1차측 배관의 물이 2차측으로 유수된다.

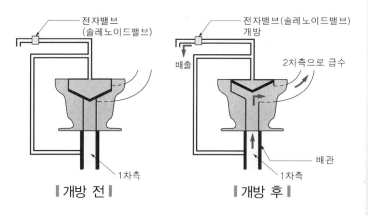

✳ 준비작동식 밸브
'프리액션밸브'라고도 부른다.

✳ 감지기가 있는 것
① 준비작동식
② 일제살수식

9 습식 스프링클러설비의 점검 ☐ 교재 P.185

알람밸브 2차측 압력이 저하되어 **클래퍼**가 **개방**되면 클래퍼 개방에 따른 **압력수 유입**으로 **압력스위치**가 **동작**된다.

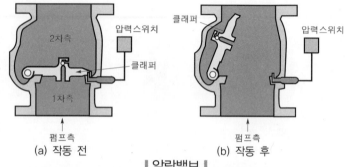

| 알람밸브 |

(a) 작동 전 (b) 작동 후

10 준비작동식, 일제살수식 확인사항 ☐ 교재 P.188

A or B 감지기 작동시	A and B 감지기 작동시
① 화재표시등, A 감지기 or B 감지기 지구표시등 점등 ② 경종 또는 사이렌 경보	① 전자밸브(솔레노이드밸브) 작동 ② 준비작동식밸브 개방으로 배수밸브로 배수 ③ 밸브개방표시등 점등 ④ 사이렌 경보 ⑤ 펌프 자동기동

✓ 중요 준비작동식 유수검지장치를 작동시키는 방법 ☐ 교재 P.187

(1) 해당 방호구역의 감지기 2개 회로 작동
(2) SVP(수동조작함)의 수동조작스위치 작동
(3) 밸브 자체에 부착된 수동기동밸브 개방
(4) 감시제어반(수신기)측의 준비작동식 유수검지장치 수동 기동스위치 작동
(5) 감시제어반(수신기)에서 동작시험 스위치 및 회로선택 스위치로 작동(2회로 작동)

* 시험밸브함의 구성
① 압력계
② 압력계 콕밸브
③ 개폐밸브

* 감지기 없는 스프링클러설비
① 습식 스프링클러설비
② 건식 스프링클러설비

* 말단시험밸브가 있는 것
☐ 교재 PP.180-181
① 습식
② 건식

* 준비작동식 vs 일제살수식 ☐ 교재 P.188
① A or B 감지기 작동시 사이렌만 경보
② A and B 감지기 작동시 펌프 자동기동

* 준비작동식 감시제어반 감지기 A 또는 B 작동시 ☐ 교재 PP.187-188
① 전자밸브는 작동하지 않는다.
② 화재표시등은 점등된다.
③ 사이렌은 울린다.
④ 밸브개방표시등은 소등된다.

11 펌프성능시험 _{교재 PP.165-169}

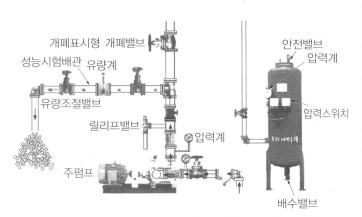

▌ 기동용 수압개폐장치(압력챔버) ▐

(1) 제어반에서 주·충압펌프 정지

감시제어반	동력제어반
선택스위치 **정지**위치	선택스위치 **수동**위치

(2) 펌프토출측 밸브(개폐표시형 개폐밸브) 폐쇄
(3) 설치된 펌프의 현황을 파악하여 펌프성능시험을 위한 표 작성
(4) 유량계에 **100%**, **150%** 유량 표시

12 개폐표시형 개폐밸브 vs 유량조절밸브

_{교재 P.165}

개폐표시형 개폐밸브	유량조절밸브
유체의 흐름을 완전히 차단 또는 조정하는 밸브	유량조절을 목적으로 사용하는 밸브

Key Point

* 유량계에 기포가 생기
는 원인 교재 P.169
① 흡입배관 공기유입
② 후드밸브와 수면이 가까
울 때
③ 공동현상

* 체절운전
펌프의 토출측 밸브를 잠근
상태. 즉 토출량이 0인 상
태에서 운전하는 것

* 개폐표시형 개폐밸브
교재 P.167
유체의 흐름을 완전히 차단
또는 조정하는 밸브

* 유량조절밸브 교재 P.167
유량조절을 목적으로 사용
하는 밸브

중요 **펌프성능시험·체절운전** 교재 PP.167-169

구 분	설 명
펌프성능시험 준비	• 제어반에서 주·충압펌프 정지 • 펌프토출측 밸브 **폐쇄** _{개방 ×} • 유량계에 100%, 150% 유량 표시 • 펌프성능시험표 작성
체절운전	• 정격토출압력×**140%(1.4)**
유량측정시 기포가 통과하는 원인	• 흡입배관의 이음부로 공기가 유입될 때 • 후드밸브와 수면 사이가 너무 가까울 때 • 펌프에 공동현상이 발생할 때

13 가압수가 나오지 않는 경우 교재 P.165

(1) 개폐표시형 개폐밸브가 폐쇄된 경우
(2) 체크밸브가 막힌 경우

14 체절운전·정격부하운전·최대운전

교재 PP.168-169

구 분	운전방법	확인사항
체절운전 (무부하시험, No Flow Condition)	① **펌프토출측 개폐 밸브** 폐쇄 ② **성능시험배관 개 폐밸브, 유량조절 밸브** 폐쇄 ③ 펌프 **기동**	① 체절압력이 **정격 토출압력**의 **140%** 이하인지 확인 ② 체절운전시 체절 압력 미만에서 릴 리프밸브가 작동 하는지 확인
정격부하운전 (정격부하시험, Rated Load, 100% 유량운전)	① 펌프 **기동** ② 유량조절밸브를 개방	유량계의 유량이 정격 유량상태(100%)일 때 정격토출압 이상이 되는지 확인

96

구 분	운전방법	확인사항
최대운전 (피크부하시험, Peak Load, 150% 유량운전)	유량조절밸브를 더욱 개방	유량계의 유량이 정 격토출량의 150% 가 되었을 때 정격토 출압의 65% 이상이 되는지 확인

＊ 최대운전(150% 유량 운전)
① 토출량＝정격토출량× 1.5
② 토출압＝정격양정×0.65

(1) 정격토출량＝토출량〔L/min〕×1.0(100%)

(2) 체절운전＝토출압력(양정)×1.4(140%)

(3) 150% 유량운전 토출량＝토출량〔L/min〕×1.5(150%)

(4) 150% 유량운전 토출압＝정격양정〔m〕×0.65(65%)

15 펌프성능곡선 교재 PP.167-169

체절운전은 체절압력이 정격토출압력의 **140%** 이하인지 확인하는 것이고, 최대운전은 유량계의 유량이 정격토출량의 **150%**가 되었을 때, 압력계의 압력이 정격양정의 **65%** 이상이 되는지 확인

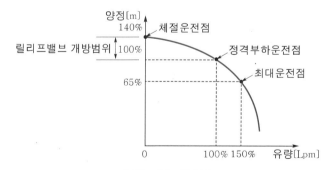

| 펌프성능곡선 |

＊ 펌프성능시험 공식

구 분	공 식
정격토출량	토출량×1
150% 유량 운전토출량	토출량×1.5
체절운전	토출압력(양 정)×1.4
150% 유량 운전 토출량	정격양정× 0.65

05 물분무등소화설비

1 이산화탄소소화설비의 장단점 교재 P.190

장 점	단 점
• **심부화재**에 적합하다. • 화재진화 후 깨끗하다. • 피연소물에 피해가 적다. • 비전도성이므로 **전기화재**에 좋다.	• 사람에게 질식의 우려가 있다. • 방사시 동상의 우려와 **소음**이 **크다.** • 설비가 고압으로 특별한 주의와 관리가 필요하다.

* 이산화탄소소화설비의 단점 교재 P.190
방사시 소음이 크다.

2 가스계 소화설비의 방출방식 교재 P.191

* 가스계 소화설비의 방출방식 교재 P.191
① **전**역방출방식
② **국**소방출방식
③ **호**스릴방식

공하성 기억법
가전국호

전역방출방식	국소방출방식	호스릴방식
고정식 소화약제 공급장치에 배관 및 분사헤드를 고정 설치하여 **밀폐 방호구역** 내에 소화약제를 방출하는 설비 공하성 기억법 **밀전**	고정식 소화약제 공급장치에 배관 및 분사헤드를 설치하여 직접 화점에 소화약제를 방출하는 설비로 **화재발생 부분**에만 **집중적**으로 소화약제를 방출하도록 설치하는 방식 공하성 기억법 **국화집**	분사헤드가 배관에 고정되어 있지 않고 소화약제 저장용기에 호스를 연결하여 사람이 직접 화점에 소화약제를 방출하는 **이동식 소화설비** 공하성 기억법 **호이 (호일)**
| 전역방출방식 |	| 국소방출방식 |	| 호스릴방식 |

공하성 기억법 가전국호

3 가스계 소화설비의 주요구성 교재 PP.192-195

(1) 저장용기
(2) 기동용 가스용기
(3) 솔레노이드밸브
(4) 입력스위치
(5) 선택밸브
(6) 수동조작함(수동식 기동장치)
(7) 방출표시등
(8) 방출헤드

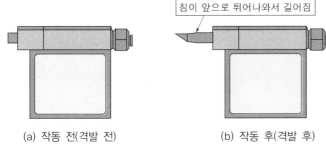

침이 앞으로 튀어나와서 길어짐

(a) 작동 전(격발 전)　　　(b) 작동 후(격발 후)

┃솔레노이드밸브┃

✽ 기동용 솔레노이드밸브
  격발시험방법
솔레노이드밸브 선택스위치를 수동위치로 전환 후 정지에서 기동위치로 전환하여 동작

4 가스계 소화설비 점검 전 안전조치 교재 P.197

단 계	내 용
1단계	① 기동용기에서 선택밸브에 연결된 조작동관 분리 ② 기동용기에서 저장용기에 연결된 개방용 동관 분리

Key Point

**✽ 가스계 소화설비 점검
전 안전조치사항**
제어반의 솔레노이드밸브
연동정지

**✽ 솔레노이드 점검 전 안
전조치**
① 안전핀 체결
② 솔레노이드 분리
③ 안전핀 제거

**✽ 가스계 소화설비의 점검
전 안전조치**
① 안전핀 체결
② 솔레노이드 분리
③ 안전핀 제거

단 계	내 용
2단계	③ 제어반의 솔레노이드밸브 연동정지 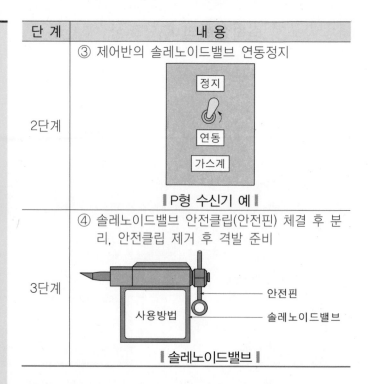 ∥P형 수신기 예∥
3단계	④ 솔레노이드밸브 안전클립(안전핀) 체결 후 분리, 안전클립 제거 후 격발 준비 ∥솔레노이드밸브∥

5 기동용기 솔레노이드밸브 격발시험방법

교재 P.198

격발시험방법	세부사항
수동조작버튼 작동 (즉시 격발)	연동전환 후 기동용기 솔레노이드밸브에 부착되어 있는 수동조작버튼을 안전클립 제거 후 누름
수동조작함 작동	연동전환 후 수동조작함의 기동스위치를 누름
교차회로감지기 동작	연동전환 후 방호구역 내 교차회로(A, B) 감지기 동작
제어반 수동조작스위치 동작	솔레노이드밸브 선택스위치를 수동위치로 전환 후 정지에서 기동위치로 전환하여 동작시킴

**✽ 감지기를 동작시킨 경
우 확인사항** 교재 P.198
① 제어판 화재표시
② 솔레노이드밸브 파괴침
동작
③ 사이렌 또는 경종 동작

제**3**장 경보설비

01 자동화재탐지설비

1 경계구역의 설정 기준 [교재 P.207]

(1) 1경계구역이 2개 이상의 **건축물**에 미치지 않을 것

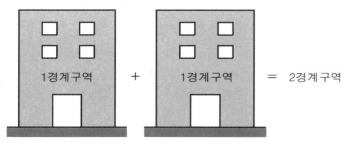

1경계구역 + 1경계구역 = 2경계구역

❚ 하나의 경계구역으로 설정불가 ❚

(2) 1경계구역이 2개 이상의 **층**에 미치지 않을 것(단, **500m²** 이하는 2개층을 1경계구역으로 할 수 있다.)

(3) 1경계구역의 면적은 **600m²** 이하로 하고, 1변의 길이는 **50m** 이하로 할 것(단, 내부 전체가 보이면 한변의 길이가 50m의 범위 내에서 **1000m²** 이하로 할 수 있다.)

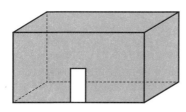

❚ 내부 전체가 보이면 1경계구역 면적 1000m² 이하, 1변의 길이 50m 이하 ❚

* 경계구역 [교재 P.207]
자동화재탐지설비의 1회선 (회로)이 화재의 발생을 유효하고 효율적으로 감지할 수 있도록 적당한 범위를 정한 구역

101

* **자동화재탐지설비의 수신기** 교재 P.207
① 종류로는 P형 수신기, R형 수신기가 있다.
② 조작스위치는 바닥으로부터 **0.8~1.5m** 이하의 높이에 설치할 것
③ 경비실 등 상시 사람이 근무하고 있는 장소에 설치할 것

2 수신기

(1) 수신기의 구분 교재 P.207
① P형 수신기
② R형 수신기

(2) 수신기의 설치기준 교재 P.208
① 수신기가 설치된 장소에는 **경계구역 일람도**를 비치할 것
② 수신기의 조작스위치 높이 : 바닥으로부터의 높이가 **0.8~1.5m** 이하
③ **경비실** 등 상시 사람이 근무하고 있는 장소에 설치

3 발신기 누름스위치 교재 P.209

(1) **0.8~1.5m**의 높이에 설치한다.

(2) 발신기 누름스위치를 누르고 수신기가 동작하면 수신기의 화재표시등이 점등된다.

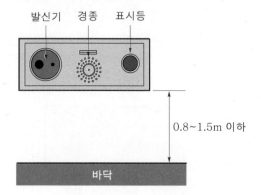

발신기 경종 표시등

0.8~1.5m 이하

바닥

102

Key Point

4 감지기

(1) 감지기의 특징 교재 P.210

감지기 종별	설 명
차동식 스포트형 감지기	주위 온도가 **일정상승률** 이상이 되는 경우에 작동하는 것
정온식 스포트형 감지기	주위 온도가 **일정온도** 이상이 되었을 때 작동하는 것
이온화식 스포트형 감지기	주위의 공기가 **일정농도** 이상의 **연기**를 포함하게 되는 경우에 작동하는 것
광전식 스포트형 감지기	연기에 포함된 미립자가 광원에서 방사되는 광속에 의해 산란반사를 일으키는 것을 이용

* 이온화식 스포트형 감지기 교재 P.210
주위의 공기가 **일정농도의 연기**를 포함하게 되는 경우에 작동하는 것

작동표시램프(감지기 작동시 점등)

┃차동식 스포트형
감지기┃ ┃정온식 스포트형
감지기┃ ┃광전식 스포트형
감지기┃

Key Point

* **정**온식 스포트형 감지
기의 구성 교재 P.210
① **바**이메탈
② 감열판
③ 접점

공하성 기억법
바정(봐줘)

* **차**동식 스포트형 감지기
교재 PP.210-211
① 거실, 사무실에 설치
② 감열실, 다이어프램, 리
크구멍, 접점
③ 주위 온도에 영향을 받음

* **차**동식 스포트형 감지
기의 구성
① **감**열실
② 다이어프램
③ 리크구멍
④ 접점

공하성 기억법
차감

(2) 감지기의 구조 교재 PP.210-211

정온식 스포트형 감지기	차동식 스포트형 감지기
① **바**이메탈, 감열판, 접점 등으로 구성 ② 보일러실, 주방 설치 ③ 주위 온도가 **일정온도** 이상이 되었을 때 작동	① **감**열실, 다이어프램, 리크구멍, 접점 등으로 구성 ② 거실, 사무실 설치 ③ 주위 온도가 **일정상승률**이상이 되었을 때 작동

공하성 기억법 **바정(봐줘)**

공하성 기억법 **차감**

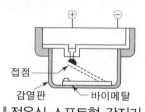

접점 감열판 바이메탈

∥ 정온식 스포트형 감지기 ∥

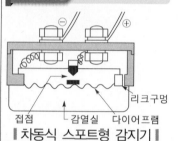

리크구멍 접점 감열실 다이어프램

∥ 차동식 스포트형 감지기 ∥

중요 감지기 설치유효면적 교재 P.211

(단위 : m²)

부착높이 및 소방대상물의 구분		감지기의 종류				
		차동식·보상식 스포트형		정온식 스포트형		
		1종	2종	특 종	1종	2종
4m 미만	내화구조	90	70	70	60	20
	기타구조	50	40	40	30	15
4m 이상 8m 미만	내화구조	45	35	35	30	–
	기타구조	30	25	25	15	–

공하성 기억법
차 보   정
9 7   7 6 2
5 4   4 3 ①
④ ③ ③ 3 ×
3 ② ② ① ×
※ 동그라미(○) 친 부분은 뒤에 5가 붙음

5 음향장치

(1) 음향장치의 설치기준 　교재 P.212

① **층**마다 설치한다.

② 음량크기는 **1m** 떨어진 곳에서 **90dB** 이상이 되도록 한다.

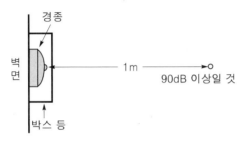

‖ 음향장치의 음량측정 ‖

③ 수평거리 **25m** 이하가 되도록 설치한다.

(2) 음향장치의 종류

주음향장치	지구음향장치
수신기 내부 또는 **직근**에 설치	각 **경계구역**에 설치

✽ 음향장치 수평거리
　교재 P.212
수평거리 25m 이하

105

(3) 음향장치의 경보방식   교재 P.212

11층(공동주택은 16층) 이상

층		
11층		
⋮		
6층		경보
5층	경보	경보
4층	경보	경보
3층	경보	경보
2층	경보	발화
1층	발화 / 경보	경보
지하 1층	경보	경보 / 발화 / 경보
지하 2층	경보 / 발화 / 경보	경보
지하 3층	경보	경보

▌ 발화층 및 직상 4개층 경보방식 ▌

▌ 자동화재탐지설비 음향장치의 경보 ▌   교재 P.212

★ 자동화재탐지설비 발화층 및 직상 4개층 경보 적용대상물
11층(공동주택 16층) 이상의 특정소방대상물의 경보

| 발화층 | 경보층 | |
	11층(공동주택 16층) 미만	11층(공동주택 16층) 이상
2층 이상 발화	전층 일제경보	● 발화층 ● 직상 4개층
1층 발화		● 발화층 ● 직상 4개층 ● 지하층
지하층 발화		● 발화층 ● 직상층 ● 기타의 지하층

Key Point

6 청각장애인용 시각경보장치

(1) 청각장애인용 시각경보장치의 설치기준 교재 P.212

① **복도·통로·청각장애인용 객실** 및 공용으로 사용하는 **거실**에 설치하며, 각 부분으로부터 유효하게 경보를 발할 수 있는 위치에 설치

② **공연장·집회장·관람장** 또는 이와 유사한 장소에 설치하는 경우에는 시선이 집중되는 **무대부 부분** 등에 설치

③ 바닥으로부터 **2~2.5m** 이하의 장소에 설치(단, 천장높이가 **2m 이하**인 경우는 천장으로부터 **0.15m** 이내의 장소에 설치한다.)

(2) 설치높이 교재 P.212

기타기기	시각경보장치
0.8~1.5m 이하	2~2.5m 이하(천장높이 2m 이하는 천장으로부터 0.15m 이내)

공하성 기억법 시25(CEO)

7 송배선식 교재 P.213

도통시험(선로의 정상연결 유무 확인)을 원활히 하기 위한 배선방식

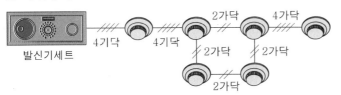

4가닥 4가닥 2가닥 4가닥
발신기세트 4가닥 4가닥 2가닥 2가닥
2가닥

┃ 송배선식 ┃

* 송배선식 교재 P.213
감지기 사이의 회로배선에 사용

107

* 연기감지기 동작시험 기기
① 감지기 시험기
② 연기스프레이

* 장마철 공기 중 습도 증가에 의한 감지기 오동작 교재 P.228
① 복구스위치 누름
② 동작된 감지기 복구

* 발신기 vs 감지기
발신기 누름버튼과 감지기 동작은 별개

발신기	감지기
수동으로 화재신호 알림	자동으로 화재신호 알림

* 감지기 동작시험시 수신기에 점등되어야 하는 것
① 화재표시등
② 지구표시등

8 감지기 작동 점검(단계별 절차) 교재 P.218

(1) 1단계 : 감지기 동작시험 실시

→ **감지기 시험기, 연기스프레이 등 이용**

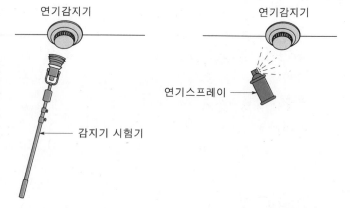

연기감지기

연기감지기

연기스프레이

감지기 시험기

(2) 2단계 : LED 미점등 시 감지기 회로 전압 확인

① **정격전압의 80%** 이상이면, **감지기가 불량**이므로 감지기를 교체한다.

② 전압이 **0V**이면 회로가 **단선**이므로 회로를 보수한다.

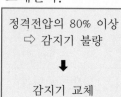

정격전압의 80% 이상
⇨ 감지기 불량
↓
감지기 교체

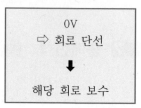

0V
⇨ 회로 단선
↓
해당 회로 보수

(3) 3단계 : 감지기 동작시험 재실시

9 발신기 작동 점검(단계별 절차) 교재 P.219

(1) **1단계** : 발신기 누름버튼 누름
(2) **2단계** : 수신기에서 발신기등 및 발신기 응답램프
점등 확인

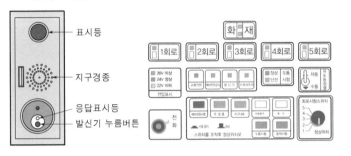

표시등
지구경종
응답표시등
발신기 누름버튼

10 회로도통시험 교재 PP.223~224

수신기에서 감지기 사이 회로의 단선 유무와 기기 등
의 접속상황을 확인하기 위한 시험

‖ 회로도통시험 적부판정 ‖

구 분	정 상	단 선
전압계가 있는 경우	4~8V	0V
도통시험확인등이 있는 경우	정상확인등 점등(녹색)	단선확인등 점등(적색)

‖ 단선인 경우(적색등 점등) ‖

* **발신기 누름버튼을 누를 때 상황**
① 수신기의 화재표시등 점등
② 수신기의 발신기등 점등
③ 수신기의 주경종 경보

* **스위치주의등 점등**
교재 P.219
수신기의 각 조작스위치가 정상위치에 있지 않을 때

* **동작시험 복구순서**
교재 PP.220~221
① 회로시험스위치 돌림
② 동작시험스위치 누름
③ 자동복구스위치 누름

02 자동화재탐지설비(P형 수신기)의 점검방법

1 P형 수신기의 동작시험(로터리방식)

교재 PP.220-222

* **동작시험 복구순서**
① 회로시험스위치
② 동작시험스위치
③ 자동복구스위치

동작시험 순서	동작시험 복구순서
① 동작시험스위치 누름	① 회로시험스위치 돌림
② 자동복구스위치 누름	② 동작시험스위치 누름
③ 회로시험스위치 돌림	③ 자동복구스위치 누름

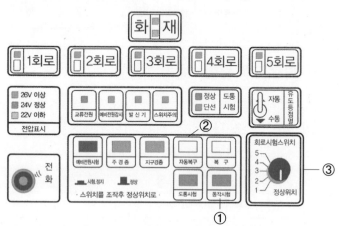

┃P형 수신기 동작시험 순서 ┃

2 동작시험 vs 회로도통시험

* **회로도통시험** 교재 P.223
수신기에서 감지기 사이 회로의 단선 유무와 기기 등의 접속상황을 확인하기 위한 시험

동작시험 순서 교재 P.222	회로도통시험 순서 교재 P.223
동작(화재)시험스위치 및 자동복구스위치를 누름 → 각 회로(경계구역) 버튼 누름	도통시험스위치를 누름 → 회로시험스위치를 각 경계구역별로 차례로 회전(각 경계구역 동작버튼을 차례로 누름)

3 회로도통시험 vs 예비전원시험

회로도통시험 순서 교재 P.223	예비전원시험 순서 교재 PP.225-226
도통시험스위치 누름 → 회로 시험스위치 돌림	예비전원시험스위치 누름 → 예비전원 결과 확인

4 평상시 점등상태를 유지하여야 하는 표시등

교재 P.222

① 교류전원
② 전압지시(정상)

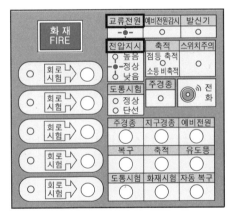

|P형 수신기|

5 예비전원시험 교재 P.225

진입게인 경우 징상	램프방식인 경우 정상
19~29V	녹색

Key Point

* 평상시 점등상태 유지 표시등
① 교류전원
② 전압지시(정상)

* 수신기 동작시험기준
① 1회선마다 복구하면서 모든 회선을 시험
② 축적·비축적 선택스위치를 비축적 위치로 놓고 시험

* 예비전원감시등이 점등 된 경우 교재 P.226
① 예비전원 연결 소켓이 분리
② 예비전원 원인

111

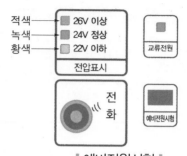

■ 예비전원시험 ■

* 주방
정온식 감지기 설치

* 천장형 온풍기
감지기 이격 설치

* 비화재보
'오작동'을 의미한다.

6 비화재보의 원인과 대책 교재 PP.228-229

주요 원인	대책
주방에 **'비적응성 감지기'**가 설치된 경우	적응성 감지기(정온식 감지기 등)로 교체
'천장형 온풍기'에 밀접하게 설치된 경우	기류흐름 방향 외 이격설치
담배연기로 인한 연기감지기 동작	흡연구역에 환풍기 등 설치

7 자동화재탐지설비의 비화재보시 조치방법

교재 P.230

단 계	대처법
1단계	수신기 확인(화재표시등, 지구표시등 확인)
2단계	실제 화재 여부 확인
3단계	음향장치 정지
4단계	비화재보 원인 제거
5단계	수신기 복구
6단계	음향장치 복구
7단계	스위치주의등 확인

* 경종이 울리지 않는 경우
① 주경종 정지스위치 :
  ON
② 지구경종 정지스위치 :
  ON

8 발신기 작동시 점등되어야 하는 것 [교재 P.209]

(1) 화재표시등

(2) 지구표시등(해당 회로)

(3) 발신기표시등

(4) 응답표시등

* 도통시험
수신기에서 감지기 사이 회로의 단선 유무와 기기 등의 접속상황을 확인하기 위한 시험

* 도통시험
'회로도통시험'이 정식 명칭이다.

Key Point

01 피난기구

* 피난기구의 종류
교재 PP.233~234

① 피난사다리
② 완강기
③ 간이완강기
④ 구조대
⑤ 공기안전매트
⑥ 피난교
⑦ 미끄럼대
⑧ 다수인 피난장비
⑨ 기타 피난기구(피난용 트랩, 승강식 피난기 등)

1 피난기구의 종류   교재 PP.233~234

구 분	설 명
피난 사다리	건축물화재시 안전한 장소로 피난하기 위해서 건축물의 개구부에 설치하는 기구로서 고정식 사다리, 올림식 사다리, 내림식 사다리로 분류된다. ‖ 피난사다리 ‖
완강기	사용자의 몸무게에 의하여 자동적으로 내려올 수 있는 기구 중 사용자가 교대하여 **연속적**으로 **사용할 수 있는 것** 속도조절기 로프 연결금속구 벨트 ‖ 완강기 ‖

* 완강기 구성요소
교재 P.233

① 속도**조**절기
② **로**프
③ **벨**트
④ **연**결금속구

꼼꼼한 기억법
조로벨연

Key Point

구 분	설 명
간이 완강기	사용자의 몸무게에 의하여 자동적으로 내려올 수 있는 기구 중 사용자가 **연속적**으로 **사용할 수 없는 것**
구조대	화재시 건물의 창, 발코니 등에서 지상까지 **포대**를 사용하여 그 포대 속을 활강하는 피난기구 **공하성 기억법** 구포(부산에 있는 **구포**) 포대 **∥ 구조대 ∥**
공기안전 매트	화재발생시 사람이 건축물 내에서 외부로 긴급히 뛰어내릴 때 충격을 흡수하여 안전하게 지상에 도달할 수 있도록 포지에 공기 등을 주입하는 구조로 되어 있는 것 **∥공기안전매트 ∥**

* 구조대
포대 사용

* 인명구조기구
화재시 발생하는 열과 연기
로부터 인명의 안전한 피난
을 위한 기구

* 미끄럼대 사용처
교재 PP.234~235
① 장애인 복지시설
② 노약자 수용시설
③ 병원

* 다수인 피난장비
2인 이상 동시 사용 가능

구 분	설 명
피난교	건축물의 옥상층 또는 그 이하의 층에서 화재발생시 옆 건축물로 피난하기 위해 설치하는 피난기구 ‖ 피난교 ‖
미끄럼대	화재발생시 신속하게 지상으로 피난할 수 있도록 제조된 피난기구로서 **장애인복지시설**, **노약자수용시설** 및 **병원** 등에 적합 ‖ 미끄럼대 ‖
다수인 피난장비	화재시 **2인 이상**의 피난자가 동시에 해당층에서 지상 또는 피난층으로 하강하는 피난기구 — 다수인 피난장비 ‖ 다수인 피난장비 ‖

구 분	설 명
기타 피난기구	피난용 트랩, 승강식 피난기 등 ┃승강식 피난기┃

2 완강기 구성 요소

(1) 속도**조**절기
(2) **로**프
(3) **벨**트
(4) **연**결금속구

공하성 기억법 조로벨연

3 피난기구의 적응성 교재 P.235

층별 설치 장소별 구분	1층	2층	3층	4층 이상 10층 이하

노유자시설	• 미끄럼대
	• 구조대
	• 피닌교
	• 다수인
	  피난장비
	• 승강식
	  피난기
		• 미끄럼대
		• 구조대
		• 피닌교
		• 다수인
		  피난장비
		• 승강식
		  피난기
			• 미끄럼대
			• 구조대
			• 피닌교
			• 다수인
			  피난장비
			• 승강식
			  피난기
				• 구조대[1]
				• 피난교
				• 다수인
				  피난장비
				• 승강식
				  피난기

Key Point

＊ **노유자시설** 교재 P.235
간이완강기는 부적합하다.

Key Point

✽ 공기안전매트의 적응성
공동주택

설치 장소별 구분 \ 층별	1층	2층	3층	4층 이상 10층 이하
의료시설 · 입원실이 있는 의원 · 접골원 · 조산원	–		● 미끄럼대 ● 구조대 ● 피난교 ● 피난용 트랩 ● 다수인 피난장비 ● 승강식 피난기	● 구조대 ● 피난교 ● 피난용 트랩 ● 다수인 피난장비 ● 승강식 피난기
영업장의 위치가 4층 이하인 다중이용업소	–	● 미끄럼대 ● 피난사다리 ● 구조대 ● 완강기 ● 다수인 피난장비 ● 승강식 피난기	● 미끄럼대 ● 피난사다리 ● 구조대 ● 완강기 ● 다수인 피난장비 ● 승강식 피난기	● 미끄럼대 ● 피난사다리 ● 구조대 ● 완강기 ● 다수인 피난장비 ● 승강식 피난기
그 밖의 것	–	–	● 미끄럼대 ● 피난사다리 ● 구조대 ● 완강기 ● 피난교 ● 피난용 트랩 ● 간이완강기[2] ● 공기안전매트[2] ● 다수인 피난장비 ● 승강식 피난기	● 피난사다리 ● 구조대 ● 완강기 ● 피난교 ● 간이완강기[2] ● 공기안전매트[2] ● 다수인 피난장비 ● 승강식 피난기

✽ 간이완강기 vs 공기안전매트   교재 P.235

간이완강기	공기안전매트
숙박시설의 3층 이상에 있는 객실	공동주택

1) **구조대**의 적응성은 장애인관련시설로서 주된 사용자 중 스스로 피난이 불가한 자가 있는 경우 추가로 설치하는 경우에 한한다.
2) 간이완강기의 적응성은 **숙박시설**의 **3층 이상**에 있는 객실에, **공기안전매트**의 적응성은 **공동주택**에 추가로 설치하는 경우에 한한다.

4 완강기 사용방법 교재 P.236

(1) 완강기 후크를 고리에 걸고 지지대와 연결 후 나사를 조인다.

(2) 창밖으로 릴을 놓는다(로프의 길이가 해당층의 건축물 높이에 맞는지 확인).

(3) 벨트를 머리에서부터 뒤집어 쓰고 뒤틀림이 없도록 겨드랑이 밑에 건다.

(4) 고정링을 조절해 벨트를 가슴에 확실히 조인다.

(5) 지지대를 창밖으로 향하게 한다.

(6) 두 손으로 조절기 바로 밑의 로프 2개를 잡고 발부터 창밖으로 내민다.

(7) 몸이 벽에 부딪치지 않도록 벽을 가깝게 손으로 밀면서 내려온다.

(8) **사용시 주의사항**

① 두 팔을 위로 들지 말 것 → 벨트가 빠져 추락 위험

② 사용 전 지지대를 흔들어 볼 것 → **앵커볼트**가 아닌 일반볼트로 고정한 곳도 있으므로, 사용 전에 지지대를 흔들어 보아서 흔들린다면 절대 사용하지 말 것

Key Point

＊ 완강기 벨트 착용법
머리에서부터 뒤집어 씀

02 인명구조기구 교재 P.237

(1) **방열**복

(2) 방**화**복(안전모, 보호장갑, 안전화 포함)

(3) **공**기호흡기

(4) **인**공소생기

공하성 기억법 ▶ 방열화공인

03 비상조명등

1 비상조명등의 조도 교재 P.238

각 부분의 바닥에서 **1 lx** 이상

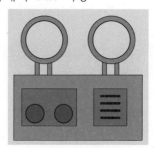

▮ 비상조명등 ▮

2 유효작동시간 교재 P.238

* 비상조명등의 유효작동
시간 교재 P.238
20분 이상

* 휴대용 비상조명등
교재 P.238
상시 충전되는 구조일 것

비상조명등	휴대용 비상조명등
20분 이상	20분 이상

공하성 기억법 조2(Joy)

04 유도등 및 유도표시

1 비상전원의 용량 교재 P.240

구 분	용 량
유도등	**20분** 이상
유도등(지하상가 및 11층 이상)	**60분** 이상

2 특정소방대상물별 유도등의 종류 _{교재 P.240}

설치장소	유도등의 종류
• **공**연장 · **집**회장 · **관**람장 · **운**동시설 • **유**흥주점 영업시설(키바레, 나이트클럽) **공하성 기억법** 공집관운유	• **대**형피난구유도등 • **통**로유도등 • **객**석유도등 **공하성 기억법** 대통객
• 위락시설	• 대형피난구유도등 • 통로유도등
• 오피스텔 • 지하층 · 무창층 · 11층 이상	• 중형피난구유도등 • 통로유도등
• 교정 및 군사시설, 복합건축물	• 소형피난구유도등 • 통로유도등

3 객석유도등의 설치장소 _{교재 P.240}

(1) **공**연장
(2) **집**회장(종교집회장 포함)
(3) **관**람장
(4) **운**동시설

공하성 기억법 공집관운객

┃ 객석유도등 ┃

Key Point

* **유도등의 종류**
_{교재 PP.240-242}
① **피**난구유도등
② **통**로유도등
③ **객**석유도등

공하성 기억법

피통객

* **지하층 · 무창층 · 11층 이상 설치대상**
① 중형피난구유도등
② 통로유도등

* **계단통로유도등**
_{교재 P.241}
① 각 층의 경사로참 또는 계단참(1개층에 경사로참 또는 계단참이 2 이상 있는 경우 2개의 계단참마다) 설치할 것
② 바닥으로부터 높이 **1m** 이하의 위치에 설치할 것

* **피난구유도등의 설치 장소** _{교재 P.241}
① **옥내**로부터 직접 지상으로 통하는 출입구 및 그 부속실의 출입구
② **직통계단 · 직통계단의 계단실** 및 그 부속실의 출입구
③ 출입구에 이르는 **복도** 또는 **통로**로 통하는 출입구
④ **안전구획**된 **거실**로 통하는 출입구

Key Point

4 유도등의 설치높이 교재 P.241

복도통로유도등, 계단통로유도등	피난구유도등, 거실통로유도등
바닥으로부터 높이 **1m** 이하 공하성 기억법 1복(일복 터졌다.)	피난구의 바닥으로부터 높이 **1.5m** 이상 공하성 기억법 피유15상

5 객석유도등 산정식 교재 P.242

객석유도등 설치개수

$$= \frac{객석통로의\ 직선부분의\ 길이[m]}{4} - 1(소수점\ 올림)$$

공하성 기억법 객4

* **관람장의 유도등 종류**
① 대형피난구유도등
② 통로유도등
③ 객석유도등

* **객석유도등을 천장에 설 치하지 않는 이유**
연기는 공기보다 가벼워 위로 올라가는데, 천장에 연기의 농도가 짙기 때문에 객석유도등을 설치해도 보이지 않을 가능성이 높다.

* **객석유도등 설치장소**
① 공연장
② 극장

6 객석유도등의 설치장소 교재 P.242

객석의 **통로, 바닥, 벽**

공하성 기억법 통바벽

7 유도등의 3선식 배선시 자동점등되는 경우 교재 P.243

(1) **자동화재탐지설비**의 감지기 또는 발신기가 작동되는 때
  자동화재속보설비 ✕
(2) **비상경보설비**의 발신기가 작동되는 때
(3) **상**용전원이 정전되거나 전원선이 단선되는 때
(4) **방**재업무를 통제하는 곳 또는 전기실의 배전반에서 **수**동적으로 점등하는 때
(5) **자동소화설비**가 작동되는 때

공하성 기억법 3탐경상 방수자

122

Key Point

8 유도등 3선식 배선에 따라 상시 충전되는 구조가 가능한 경우 교재 P.243

(1) **외**부광에 따라 피난구 또는 피난방향을 쉽게 식별할 수 있는 장소
(2) **공연장, 암실** 등으로서 어두워야 할 필요가 있는 장소
(3) 특정소방대상물의 **관계인** 또는 **종사원**이 주로 사용하는 장소

공하성 기억법 충외공관

☑ 중요 3선식 유도등 점검 교재 P.244

수신기에서 수동으로 점등스위치를 ON하고 건물 내의 점등이 **안 되는** 유도등을 확인한다.

수 동	자 동
유도등 절환스위치 수동전환 → 유도등 점등 확인	유도등 절환스위치 자동전환 → 감지기, 발신기 동작 → 유도등 점등 확인

✱ 3선식 유도등 점검내용
유도등 절환스위치
→ 유도등 점등 확인

9 예비전원(배터리)점검 교재 P.244

외부에 있는 **점검스위치**(배터리상태 점검스위치)를 **당겨보는 방법** 또는 **점검버튼**을 눌러서 점등상태 확인

✱예비전원(배터리)점검
교재 P.244
① 점검스위치를 당기는 방법
② 점검버튼을 누르는 방법

| 예비전원 점검스위치 |

| 예비전원 점검버튼 |

Key Point

10 2선식 유도등점검 [교재 P.244]

유도등이 **평상시 점등**되어 있는지 확인

▌평상시 점등이면 정상▌   ▌평상시 소등이면 비정상▌

11 유도등의 점검내용

* 3선식 유도등 [교재 P.244]

수 동	자 동
점등스위치 ON 후 점등 안 되는 유도등 확인	감지기, 발신기 동작 후 유도등 점등 확인

(1) **3선식**은 유도등 절환스위치를 **수동**으로 전환하고 **유도등의 점등**을 확인한다. 또한 수신기에서 수동으로 점등스위치를 <u>ON</u>하고 건물 내의 점등이 <u>안</u> 되는 유도등을 확인한다.
　　　　　　OFF ✕　　　　　　　　　　　　　되는 ✕

(2) **3선식**은 유도등 절환스위치를 **자동**으로 전환하고 **감지기, 발신기** 동작 후 **유도등 점등**을 확인한다.

(3) **2선식**은 유도등이 **평상시 점등**되어 있는지 확인한다.

(4) **예비전원**은 **상시 충전**되어 있어야 한다.

제**6**편

소방계획 수립

성공을 위한 10가지 충고 I

1. 시간을 낭비하지 말라.
2. 포기하지 말라.
3. 열심히 하고 나태하지 말라.
4. 생활과 사고를 단순하게 하라.
5. 정진하라.
6. 무관심하지 말라.
7. 책임을 회피하지 말라.
8. 낭비하지 말라.
9. 조급하지 말라.
10. 연습을 쉬지 말라.

– 김형모의 「마음의 고통을 돕기 위한 10가지 충고」 중에서 –

제 6 편 소방계획 수립

* 소방계획의 개념

교재 P.249

① 화재로 인한 재난발생
　사전예방·대비
② 화재시 신속하고 효율
　적인 대응·복구
③ 인명·재산 피해 최소화

01 소방안전관리대상물의 소방계획의 주요 내용

교재 PP.249-250

(1) 소방안전관리대상물의 위치·구조·연면적·용도 및 수용인원 등 일반 현황

(2) 소방안전관리대상물에 설치한 소방시설·방화시설·전기시설·가스시설 및 위험물시설의 현황

(3) 화재예방을 위한 **자체점검계획** 및 **대응대책**

(4) **소방시설**·피난시설 및 방화시설의 **점검·정비계획**

(5) 피난층 및 피난시설의 위치와 피난경로의 설정, 화재안전취약자의 피난계획 등을 포함한 피난계획

(6) **방화구획**, 제연구획, 건축물의 내부 마감재료 및 방염물품의 사용현황과 그 밖의 방화구조 및 설비의 유지·관리계획

(7) **소방훈련** 및 **교육**에 관한 계획

(8) 소방안전관리대상물의 근무자 및 거주자의 **자위소방대** 조직과 대원의 임무(화재안전취약자의 피난보조임무를 포함)에 관한 사항

(9) **화기취급작업**에 대한 사전 안전조치 및 감독 등 공사 중 소방안전관리에 관한 사항

(10) 관리의 권원이 분리된 소방안전관리에 관한 사항

(11) **소화**와 **연소 방지**에 관한 사항

(12) 위험물의 저장·취급에 관한 사항

(13) 소방안전관리에 대한 업무수행기록 및 유지에 관한 사항

(14) 화재발생시 화재경보, 초기소화 및 피난유도 등 초기대응에 관한 사항

126

(15) 그 밖에 소방안전관리를 위하여 **소방본부장** 또는 **소방서장**이 소방안전관리대상물의 위치·구조·설비 또는 관리상황 등을 고려하여 소방안전관리에 필요하여 요청하는 사항

02 소방계획의 주요 원리 교재 P.250

(1) **종**합적 안전관리
(2) **통**합적 안전관리
(3) **지**속적 발전모델

종합성 기억법 계종 통지(**개종**하도록 **통지**)

★ 소방계획의 수립절차 중 2단계(위험환경분석) 교재 P.252
위험환경식별 → 위험환경 분석·평가 → 위험경감대책 수립

종합적 안전관리	통합적 안전관리		지속적 발전모델
• 모든 형태의 위험을 포괄 • 재난의 전주기적(예방·대비 → 대응 → 복구) 단계의 위험성 평가	**내부** 협력 및 파트너십 구축, 전원 참여	**외부** 거버넌스(정부-대상처-전문기관) 및 안전관리 네트워크 구축	• PDCA Cycle(계획 : Plan, 이행/운영 : Do, 모니터링 Check, 개선 : Act)

03 소방계획의 작성원칙 [교재 P.251]

* 소방계획의 작성원칙
① 실현가능한 계획
② 관계인의 참여
③ 계획수립의 구조화
④ 실행 우선

작성원칙	설 명
실현가능한 계획	① 소방계획의 작성에서 가장 핵심적인 측면은 위험관리 ② 소방계획은 대상물의 위험요인을 체계적으로 관리하기 위한 일련의 활동 ③ 위험요인의 관리는 반드시 **실현가능한 계획**으로 **구성**되어야 한다.
관계인의 참여	소방계획의 수립 및 시행과정에 소방안전관리대상물의 관계인, 재실자 및 방문자 등 **전원**이 **참여**하도록 수립
계획수립의 구조화	체계적이고 전략적인 계획의 수립을 위해 **작성-검토-승인**의 3단계의 구조화된 절차를 거쳐야 한다.
실행 우선	① 소방계획의 궁극적 목적은 비상상황 발생 시 신속하고 효율적인 대응 및 복구로 피해를 최소화하는 것 ② 문서로 작성된 계획만으로는 소방계획이 완료되었다고 보기 힘듦 ③ **교육 훈련** 및 **평가** 등 **이행**의 과정이 있어야 함

04 소방계획의 수립절차 　교재 P.252

1 소방계획의 수립절차 및 내용 　교재 P.252

수립절차	내 용
사전기획 (1단계)	소방계획 수립을 위한 **임시조직**을 구성하거나 위원회 등을 개최하여 법적 요구사항은 물론 **이해관계자**의 의견을 수렴하고 세부 작성계획 수립
위험환경분석 (2단계)	대상물 내 물리적 및 인적 위험요인 등에 대한 **위험요인**을 식별하고, 이에 대한 분석 및 평가를 정성적·정량적으로 실시한 후 이에 대한 대책 수립
설계 및 개발 (3단계)	대상물의 **환경** 등을 바탕으로 소방계획 수립의 목표와 전략을 수립하고 세부 실행계획 수립
시행 및 유지관리 (4단계)	**구체적인** 소방계획을 수립하고 **이해관계자의** 　　　　　　　　　　　　　소방서장 ✕ **검토**를 거쳐 최종 승인을 받은 후 소방계획을 이행하고 지속적인 개선 실시

＊ 소방계획의 수립절차 4단계(시행~유지관리)
이해관계자의 검토

2 소방계획의 수립절차 요약 　교재 P.252

1단계 (사전기획)	2단계 (위험환경분석)	3단계 (설계/개발)	4단계 (시행/유지 관리)
작성준비	위험환경 식별	목표/전략수립	수립/시행
↓	↓	↓	↓
요구사항 검토	위험환경 분석/평가	실행계획 설계 및 개발	운영/유지관리
↓	↓		
작성계획 수립	위험경감대책 수립		

Key Point

＊ 화재시의 골든타임
교재 P.255

5분

05 골든타임 교재 P.255

CPR(심폐소생술)	화재시
4～6분 이내	5분

공하성 기억법 C4(가수 **씨스타**), 5골화(**오골**계만 그리는 **화**가)

06 자위소방대 교재 P.256

구 분	설 명
편 성	소방안전관리대상물의 규모·용도 등의 특성을 고려하여 비상연락 초기소화, 피난유도 및 응급구조, 방호안전기능 편성
소방교육·훈련	연 1회 이상
주요 업무	화재발생시간에 따라 필요한 기능적 특성을 포괄적으로 제시

＊ 소방훈련·교육 실시횟수
교재 P.256

연 1회 이상

07 자위소방대 초기대응체계의 인원편성

교재 P.260

(1) 소방안전관리보조자, 경비(보안)근무자 또는 대상물관리인 등 **상시근무자**를 **중심**으로 구성한다.

┃ 자위소방대 인력편성 ┃

자위소방 대장	자위소방 부대장
① 소방안전관리대상물의 소유주 ② 법인의 대표 ③ 관리기관의 책임자	소방안전관리자

＊ 자위소방대 인력편성
소방안전관리자를 부대장으로 지정

(2) 소방안전관리대상물의 근무자의 **근무위치, 근무인원** 등을 고려하여 편성한다. 이 경우 소방안전관리보조자(보조자가 없는 대상처는 선임대원)를 운영책임자로 지정한다.
(3) 초기대응체계 편성시 **1명** 이상은 수신반(또는 종합방재실)에 근무해야 하며 화재상황에 대한 모니터링 또는 지휘통제가 가능해야 한다.
(4) **휴일** 및 **야간**에 **무인경비시스템**을 통해 감시하는 경우에는 무인경비회사와 비상연락체계를 구축할 수 있다.

★ **자위소방대 초기대응체계의 인원편성**
① 상시근무자를 중심으로 구성
② 소방안전관리자를 부대장으로 지정

08 훈련종류 교재 P.262

(1) **기**본훈련
(2) **피**난훈련
(3) **종**합훈련
(4) **합**동훈련

공하성 기억법 종합훈기피(**종합훈**련 **기피**)

09 피 난

1 화재시 일반적 피난행동 교재 PP.265~266

(1) 엘리베이터는 절대 이용하지 않도록 하며 계단을 이용해 옥외로 대피한다.
(2) 아래층으로 대피가 불가능한 때에는 옥상으로 대피한다.

(3) 아파트의 경우 세대 밖으로 나가기 어려울 경우 **세대 사이**에 설치된 **경량칸막이**를 통해 옆세대로 대피하

대피공간 ✕

거나 **세대 내 대피공간**으로 대피한다.

(4) 유도등, 유도표지를 따라 대피한다.

(5) 연기 발생시 최대한 **낮은 자세**로 이동하고, 코와 입을 **젖은 수건** 등으로 막아 연기를 마시지 않도록 한다.

(6) 출입문을 열기 전 문손잡이가 뜨거우면 문을 열지 말고 다른 길을 찾는다.

(7) 옷에 불이 붙었을 때에는 눈과 입을 가리고 바닥에서 뒹군다.

(8) 탈출한 경우에는 절대로 다시 화재건물로 들어가지 않는다.

2 **휠체어사용자** 교재 P.270

평지보다 계단에서 주의가 필요하며, 많은 사람들이 보조할수록 상대적으로 쉬운 대피가 가능하다.

✳ 청각장애인 vs 시각장애인 교재 P.270

청각장애인	시각장애인
표정이나 제스처 사용	서로 손을 잡고 질서있게 피난

✳ 노약자 교재 P.270

장애인에 준하여 피난보조 실시

✳ 대비

자위소방대·초기대응체계 구성 및 운영

10 **소방계획서 작성내용** 교재 P.279

예방 및 완화	대 비	대 응	복 구
● 일반현황 작성 ● 자체점검 및 업무대행 ● 일상적 안전 관리 ● 화재예방 및 홍보 ● 화기취급 감독	● 공동소방 안전관리 협의회 ● 자위소방대 ·초기대응 체계 구성 및 운영 ● 교육훈련 및 자체평가	● 비상연락 ● 초기대응 ● 피난유도	● 화재피해복구

11 화기취급 작업절차 교재 P.104

화재예방 조치	화재감시자 입회 및 감독
① 가연물 이동 및 보호조치 ② 소화설비(소화·경보) 작동 확인 ③ 용접·용단장비·보호구 점검	① 화재감시자 지정 및 입회 ② 개인보호장구 착용 ③ 소화기 및 비상통신장비 비치

12 소방안전관리자 현황표 기입사항

교재 P.30, P.303

(1) 소방안전관리자 현황표의 대상명

(2) 소방안전관리자의 이름

(3) 소방안전관리자의 연락처

(4) 소방안전관리자의 <u>선임일자</u>
   수료일자 ×

(5) 소방안전관리대상물의 등급

＊ 소방안전관리자 현황표 기입사항
관계인의 인적사항은 해당 없음

응급처치

성공을 위한 10가지 충고 Ⅱ

1. 도전하라. 그리고 또 도전하라.

2. 감동할 줄 알라.

3. 걱정·근심으로 자신을 억누르지 말라.

4. 신념으로 곤란을 이겨라.

5. 성공에는 방법이 있다. 그 방법을 배워라.

6. 곁눈질하지 말고 묵묵히 전진하라.

7. 의지하지 말고 스스로 일어서라.

8. 찬스를 붙잡으라.

9. 오늘 실패했으면 내일은 성공하라.

10. 게으름에 빠지지 말라.

－ 김형모의 「마음의 고통을 돕기 위한 10가지 충고」 중에서 －

제7편 응급처치

01 응급처치의 중요성 [교재 P.333]

(1) 긴급한 환자의 생명 유지
(2) 환자의 고통 경감
(3) 위급한 부상부위의 응급처치로 치료기간 단축
(4) 현장처치의 원활화로 의료비 절감

02 응급처치요령(기도확보) [교재 PP.333-334]

(1) 환자의 입 내에 이물질이 있을 경우 기침을 유도한다.
(2) 환자의 입 내에 눈에 보이는 이물질이라 하여 함부로 제거하려 해서는 안 된다.
    손을 넣어 제거한다. ✕
(3) 이물질이 제거된 후 머리를 뒤로 젖히고, 턱을 위로 들
    옆으로 ✕   아래로 내려 ✕
    어 올려 기도가 개방되도록 한다.
(4) 환자가 기침을 할 수 없는 경우 **하임리히법**을 실시한다.

03 응급처치의 일반 원칙

(1) 구조자는 자신의 안전을 최우선시 한다.
(2) 응급처치시 사전에 보호자 또는 당사자의 이해와 동의를 얻어 실시하는 것을 원칙으로 한다.

Key Point

* 응급처치
가정, 직장 등에서 부상이나 질병으로 인해 위급한 상황에 놓인 환자에게 의사의 치료가 시행되기 전에 즉각적이며 임시적으로 제공하는 처치

Key Point

(3) 불확실한 처치는 하지 않는다.

(4) 119구급차를 이용시 전국 어느 곳에서나 이송거리, 환자 수 등과 관계 없이 어떠한 경우에도 무료이나 사설단체 또는 병원에서 운영하고 있는 앰뷸런스는 일정 요금을 징수한다.

04 출혈의 증상 교재 P.336

(1) 호흡과 맥박이 빠르고 **약하고** **불규칙**하다.
   느리고 ✕

(2) 반사작용이 <u>둔해진다.</u>
   민감해진다 ✕

(3) <u>체온</u>이 떨어지고 **호흡곤란**도 나타난다.

(4) 혈압이 점차 저하되며, 피부가 **창백**해진다.

(5) **구토**가 발생한다.

(6) **탈수현상**이 나타나며 갈증을 호소한다.

05 출혈시 응급처치 교재 PP.336~337

* 출혈시의 응급처치방법
교재 PP.336~337
① 직접압박법
② 지혈대 사용법

지혈방법	설 명
직접 압박법	① 출혈 상처부위를 **직접 압박**하는 방법이다. ② 출혈부위를 심장보다 높여준다. ③ 소독거즈나 <u>압박붕대</u>로 출혈부위를 덮은 후 　　　　　　탄력붕대 ✕ 　4~6인치 <u>탄력붕대</u>로 출혈부위가 압박되게 감 　　　　　압박붕대 ✕ 　아준다.

지혈방법	설 명
지혈대 사용법	① 절단과 같은 **심한 출혈**이 있을 때나 지혈법으로도 출혈을 막지 못할 경우 최후의 수단으로 사용하는 방법 ② **5cm** 이상의 띠 사용 ~~3cm~~

06 화상의 분류 [교재] P.338

종 별	설 명
표피화상 (**1**도 화상)	• 표피 바깥층의 화상 • 약간의 부종과 **홍반**이 나타남 • 통증을 느끼나 흉터없이 치료됨 공하성 기억법 **표1홍**
부분층화상 (**2**도 화상)	• 피부의 두 번째 층까지 화상으로 손상 • **심한 통증**과 발적, 수포 발생 • **물집**이 터져 **진물**이 나고 **감염위험** • 표피가 얼룩얼룩하게 되고 **진피**의 **모세혈관**이 손상 공하성 기억법 **부2진물**
전층화상 (**3**도 화상)	• 피부 **전층** 손상 • 피하지방과 근육층까지 손상 • 화상부위가 **건조**하며 통증이 없음 공하성 기억법 **전3건**

Key Point

★ 화상의 분류 [교재] P.338
① 표피화상
② 부분층화상
③ 전층화상

Key Point

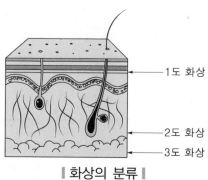

─1도 화상

─2도 화상

─3도 화상

┃ 화상의 분류 ┃

07 화상환자 이동 전 조치 [교재] PP.338-339

* 화상환자 이동 전 조치
  사항 [교재] PP.338-339
① 옷을 잘라내지 말고 수
  건 등으로 닦거나 접촉
  되는 일이 없도록 한다.
② 화상부분의 오염 우려
  시는 소독거즈가 있을
  경우 화상부위를 덮어
  주면 좋다.
③ 화상부위의 화기를 빼기
  위해 실온의 물로 씻어
  낸다.
④ 물집이 생기면 상처가
  남을 수 있으므로 터트
  리지 않는다.

(1) 화상환자가 착용한 옷가지가 피부조직에 붙어 있을 때
    에는 옷을 잘라내지 말고 수건 등으로 닦거나 접촉되는
    <u>잘라낸다. ✕</u>
    일이 없도록 한다.

(2) 통증 호소 또는 피부의 변화에 동요되어 **간장, 된장,
    식용기름**을 바르는 일이 없도록 하여야 한다.

(3) **1·2도 화상**은 화상부위를 흐르는 물에 식혀준다.
    이때 물의 온도는 실온, 수압은 약하게 하여 화상부위
    <u>같은 온도 ✕</u>
    보다 위에서 아래로 흘러내리도록 한다. (화기를 빼기
    위해 실온의 물로 씻어냄)

(4) **3도 화상**은 물에 적신 천을 대어 열기가 심부로 전
    달되는 것을 막아주고 통증을 줄여준다.

(5) 화상부분의 오염 우려시는 소독거즈가 있을 경우 화상
    부위를 덮어주면 좋다. 그러나 골절환자일 경우 무리
    하게 압박하여 드레싱하는 것은 금한다.

(6) 화상환자가 부분층화상일 경우 **수포(물집)**상태의 감
    염 우려가 있으니 터트리지 말아야 한다.

08 심폐소생술 교재 PP.340-345

심폐소생술 실시	심폐소생술 기본순서
호흡과 심장이 멎고 **4~6분**이 경과하면 산소 부족으로 뇌가 손상되어 원상 회복되지 않으므로 호흡이 없으면 즉시 심폐소생술을 실시해야 한다.	**가슴압박 → 기도유지 → 인공호흡** 공하성 기억법 가기인

Key Point

* 심폐소생술
교재 PP.340-342
호흡과 심장이 멎고 **4~6분**이 경과하면 산소부족으로 뇌가 손상되므로 즉시 **심폐소생술** 실시
① 가슴압박 30회 시행
② 인공호흡 2회 시행
③ 가슴압박과 인공호흡의 반복

09 성인의 가슴압박 교재 PP.340-342

(1) 환자의 어깨를 두드린다.
(2) 구조자의 체중을 이용하여 압박
(3) 인공호흡에 자신이 없으면 가슴압박만 시행
(4) 쓰러진 환자의 얼굴과 가슴을 <u>10초 이내로</u> 관찰하여
    10초 이상 ✕
    호흡이 있는지를 확인한다.

구 분	설 명
속 도	분당 100~120회
깊 이	약 5cm(소아 4~5cm)

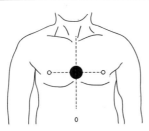

▌가슴압박 위치▌

139

Key Point

10 심폐소생술의 진행과 자동심장충격기

1 심폐소생술의 진행 교재 PP.340-342

구 분	시행횟수
가슴압박	30회
인공호흡	2회

공하성 기억법 인2(인위적)

2 자동심장충격기(AED) 사용방법 교재 PP.343-344

(1) 자동심장충격기를 심폐소생술에 방해가 되지 않는 위치에 놓은 뒤 전원버튼을 누른다.

(2) 환자의 상체를 노출시킨 다음 패드 포장을 열고 2개의 패드를 환자의 가슴에 붙인다.

(3) 패드는 **왼쪽 젖꼭지 아래의 중간겨드랑선**에 설치하고 **오른쪽 빗장뼈**(쇄골) 바로 **아래**에 붙인다.

* 패드의 부착위치

패드 1	패드 2
오른쪽 빗장뼈(쇄골) 바로 아래	왼쪽 젖꼭지 아래의 중간겨드랑선

‖ 패드의 부착위치 ‖

패드 1	패드 2
오른쪽 빗장뼈(쇄골) 바로 아래	왼쪽 젖꼭지 아래의 중간겨드랑선

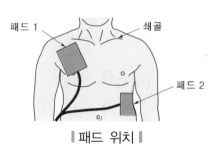

‖ 패드 위치 ‖

(4) 심장충격이 필요한 환자인 경우에만 제세동버튼이 깜박이기 시작하며, 깜박일 때 심장충격버튼을 눌러 심장충격을 시행한다.

(5) 심장충격버튼을 누르기 전에는 반드시 주변사람 및 구
누른 후에는 ×
조자가 환자에게서 떨어져 있는지 다시 한 번 확인한 후에 실시하도록 한다.

(6) 심장충격이 필요 없거나 심장충격을 실시한 이후에는 즉시 **심폐소생술**을 다시 시작한다.

(7) **2분**마다 심장리듬을 분석한 후 반복 시행한다.

☑ 중요　올바른 심폐소생술 시행방법

반응의 확인 → 119신고 → 호흡확인 → 가슴압박 30회 시행 → 인공호흡 2회 시행 → 가슴압박과 인공호흡의 반복 → 회복자세

Key Point

✳ CPR
'Cardio Pulmonary Resuscitation'의 약자

✳ 가슴압박
① 속도 : 100~120회/분
② 깊이 : 약 5cm(소아 4~5cm)

✳ 심폐소생술
① 가슴압박 : 30회
② 인공호흡 : 2회

소방안전교육 및 훈련

기억전략법

읽었을 때 10% 기억

들었을 때 20% 기억

보았을 때 30% 기억

보고 들었을 때 50% 기억

친구(동료)와 이야기를 통해 70% 기억

누군가를 가르쳤을 때 95% 기억

소방안전교육 및 훈련

| 소방교육 및 훈련의 원칙 | 교재 PP.351-352

원 칙	설 명
현실의 원칙	• **학습자**의 **능력**을 고려하지 않은 훈련은 비현실적이고 불완전하다.
학습자 중심의 교육자 중심 × 원칙	• **한 번에 한 가지씩** 습득 가능한 분량을 교육 및 훈련시킨다. • 쉬운 것에서 어려운 것으로 교육을 실시하되 기능적 이해에 비중을 둔다. • 학습자에게 감동이 있는 교육이 되어야 한다. **공하성 기억법** 학한
동기부여의 원칙	• **교육**의 **중요성**을 전달해야 한다. • 학습을 위해 적절한 **스케줄**을 적절히 배정해야 한다. • 교육은 **시기적절**하게 이루어져야 한다. • 핵심사항에 **교육**의 포커스를 맞추어야 한다. • 학습에 대한 **보상**을 제공해야 한다. • 교육에 **재미**를 부여해야 한다. • 교육에 있어 **다양성**을 활용해야 한다. • 사회적 **상호작용**을 제공해야 한다. • **전문성**을 공유해야 한다. • **초기성공**에 대해 격려해야 한다.
목적의 원칙	• 어떠한 **기술**을 어느 정도까지 익혀야 하는가를 명확하게 제시한다. • 습득하여야 할 **기술**이 활동 전체에서 어느 위치에 있는가를 인식하도록 한다.
실습의 원칙	• **실습**을 통해 지식을 습득한다. • **목적**을 생각하고, 적절한 **방법**으로 정확하게 하도록 한다.

* 소방교육 및 훈련의 원칙

교재 PP.351-352

① **현**실의 원칙
② **학**습자 중심의 원칙
③ **동**기부여의 원칙
④ **목**적의 원칙
⑤ **실**습의 원칙
⑥ **경**험의 원칙
⑦ **관**련성의 원칙

공하성 기억법

현학동 목실경관교

* 학습자 중심의 원칙

교재 P.351

① **한 번에 한 가지씩** 습득 가능한 분량을 교육·훈련시킬 것
② 쉬운 것에서 어려운 것으로 교육을 실시하되 기능적 이해에 비중을 둘 것

공하성 기억법

학한

* 소방교육 및 훈련의 원칙
교육자 중심의 원칙은 해당
없음

원 칙	설 명
경험의 원칙	• **경험**했던 사례를 들어 현실감 있게 하도록 한다.
관련성의 원칙	• 모든 교육 및 훈련 내용은 **실무적인 접목**과 **현장성**이 있어야 한다.

공하성 기억법 현학동 목실경관교

작동점검표
작성 및 실습

인생에 있어서 가장 힘든 일은
아무것도 하지 않는 것이다.

작동점검표 작성 및 실습

01 작동점검 전 준비 및 현황확인 사항 교재 P.363

＊작동점검
소방시설 등을 인위적으로
조작하여 정상적으로 작동
하는지를 점검하는 것

점검 전 준비사항	현황확인
① 협의나 협조 받을 건물 **관계인** 등 연락처를 사전확보	① **건축물대장**을 이용하여 건물개요 확인
② 점검의 목적과 필요성에 대하여 건물 관계인에게 사전안내	② 도면 등을 이용하여 설비의 개요 및 설치위치 등을 파악
③ 음향장치 및 각 실별 방문점검을 미리 공지	③ 점검사항을 토대로 점검순서를 계획하고 점검장비 및 공구를 준비
	④ 기존의 점검자료 및 조치결과가 있다면 점검 전 참고
	⑤ 점검과 관련된 각종 법규 및 기준을 준비하고 숙지

02 작동점검표 작성을 위한 준비물 교재 PP.363-364

(1) 소방시설 등 자체점검 실시결과보고서
(2) 소방시설 등[작동, 종합(최초점검, 그 밖의 점검)] 점검표
(3) **건축물대장**
(4) 소방도면 및 소방시설 현황
(5) **소방계획서** 등

03 소화기구 및 자동소화장치 작동점검표 점검항목

교재 P.372

(1) 소화기의 변형·손상 또는 부식 등 외관의 이상 여부
(2) 지시압력계(녹색범위)의 적정여부
(3) 수동식 분말소화기 내용연수(10년) 적정 여부

✱ **지시압력계 압력범위**
0.7~0.98MPa

✱ **분말소화기 내용연수**
10년

내용연수 경과 후 10년 미만	내용연수 경과 후 10년 이상
3년	1년

힘들다고 포기하거나 주저하지 마십시오.
당신은 반드시 해낼 수 있습니다.

" "

- H. S. Kong -

2024 소방안전관리자 2급 합격노트 무료강의

2024. 1. 3. 초 판 1쇄 인쇄
2024. 1. 10. 초 판 1쇄 발행

안전2 합격
226

지은이 | 공하성
펴낸이 | 이종춘
펴낸곳 | BM ㈜도서출판 **성안당**

주소 | 04032 서울시 마포구 양화로 127 첨단빌딩 3층(출판기획 R&D 센터)
10881 경기도 파주시 문발로 112 파주 출판 문화도시(제작 및 물류)

전화 | 02) 3142-0036
031) 950-6300

팩스 | 031) 955-0510
등록 | 1973. 2. 1. 제406-2005-000046호
출판사 홈페이지 | www.cyber.co.kr
ISBN | 978-89-315-2900-5 (13530)
정가 | 13,000원

이 책을 만든 사람들
기획 | 최옥현
진행 | 박경희
교정·교열 | 최주연
전산편집 | 이다은
표지 디자인 | 박현정
홍보 | 김계향, 유미나, 정단비, 김주승
국제부 | 이선민, 조혜란
마케팅 | 구본철, 차정욱, 오영일, 나진호, 강호묵
마케팅 지원 | 장상범
제작 | 김유석

www.cyber.co.kr
성안당 Web 사이트